实用性思考的艺术

[美]小理查德·威尔 著
李江艳 译

天津出版传媒集团
百花文艺出版社 天津人民出版社

图书在版编目（CIP）数据

实用性思考的艺术 /（美）小理查德·威尔著；李江艳译. -- 天津：百花文艺出版社：天津人民出版社，2019.5

ISBN 978-7-5306-7657-8

Ⅰ. ①实… Ⅱ. ①小… ②李… Ⅲ. ①思维方法 Ⅳ. ①B804

中国版本图书馆 CIP 数据核字（2018）第 294939 号

实用性思考的艺术

SHIYONGXING SIKAO DE YISHU

[美] 小理查德·威尔 著　李江艳 译

装帧设计： 大象插画设计

选题策划： 卓文天语　**责任编辑：** 田　静

出版发行： 百花文艺出版社

地址： 天津市和平区西康路 35 号　**邮编：** 300051

电话传真： +86-22-23332651（发行部）

+86-22-23332656（总编室）

+86-22-23332478（邮购部）

主页： http://www.baihuawenyi.com

印刷： 嘉业印刷（天津）有限公司

开本： 880×1230 毫米　1/32

字数： 138 千字

印张： 8

版次： 2019 年 5 月第 1 版

印次： 2019 年 5 月第 1 次印刷

定价： 42.00 元

如有印装质量问题，请与嘉业印刷（天津）有限公司联系调换

地址：天津市静海经济开发区北区银海道 48 号

电话：13910383605　邮编：301600

前　言

FOREWORD

在第一章的开头部分，你或多或少会发现促使我写这本书的原因。我想在这篇前言中简要地描述其中一个特殊目的，它既是我写这本书的动机之一，同时也影响了这本书的写作方式。

在工作中，我每天都要面对一连串不得不去解决的实际问题，通过思考找到这样或者那样的解决办法。当面试求职者时，我们试图去了解能胜任该职位的人的思考方式。当将某人安排在任何需要承担责任的位置上时，我们试着去提高他们思考工作的效率。在处理日常业务问题时，我们试着将解决方案建立在良好思考的基础之上。

但问题是良好地思考并不能轻易地做到，优秀的思考者同样如此。我们不难找到有良好品格的人来工作。找到将良好品格、丰富的相关业务经验以及令人满意的开朗性格集于一身的人也不会难到哪里去。真正困难的在于找到那些知道如何运用自己头脑的人。

我们碰到的最大的麻烦（我坚信不疑，其他公司也都是如此）是寻找明白这一点的人：在面对需要解决的问题时，必须按照一定的顺序采取某些特定的举措来解决问题。即使是一些如此简单的事情，例如查明你是否有足够的信息，以及这些信息是否可靠，人们似乎都是违背顺序的情况比遵守顺序的情况更多。正确地解决问题的规则是你必须首先说明问题是什么，而这条规则似乎并不总是能明显地影响商业人士的思考。有一点非常清楚，那就是很多并不知道规则存在的人都试图在商业上获得成功。他们十分努力地工作，试图通过获得丰厚的回报来实现富有，将所有的时间和精力都投入在一个他们每小时都会打破规则的游戏中，然而他们甚至都不知道那些规则叫作什么。

我曾考虑过把一位高级主管介绍到我们公司来任职，他会享有一个响亮的头衔，他的工作只是去教会其他那些高级主管思考——并不是要他们成为智囊，而仅仅是去学习（并偶尔实践）一些这样的基本规则。当我提到的这个人决定继续他的学术生涯时，计划就化为了泡影。

我接下来想对我脑海中的理念做一个简单的概述，并组织一系列非正式的讨论组，目的是让对此感兴趣的人们有所了解。我想，随着时间的推移，我们可以通过讨论组有效地、广泛地传播这一理念。我曾有一个想法（现在也有），那就是使在学习这个理念时所遇到的麻烦相对较小的那些人都获得加薪。

就在那时，舒斯特先生来了，他说道：“你为什么不写一本这样的书呢？”于是我就写了这本书。

小理查德·威尔

CONTENTS >>>
目录

Part 1 思考的行为

第一章　为什么要学习思考?　/ 003
第二章　什么是思考?　/ 016
第三章　一些关于思考的历史的关注　/ 025
第四章　一个人可以思考的是什么?　/ 035

Part 2 思考的艺术

第五章　思考的工具　/ 045
第六章　更好地思考的基本规则　/ 095
第七章　思考工具的选择和使用的特殊规则　/ 116

Part 3 思考的目标

第八章　思考在行政问题中的应用　/ 139
第九章　思考在宣传和公共关系中的应用　/ 166

第十章　思考在财务控制中的应用 / 203
第十一章　思考在管理中的应用 / 222
第十二章　思考在销售中的应用 / 231
第十三章　思考的目标 / 240

Part 1 >>>

思考的行为

“为什么我们应该对这个课题感兴趣”，接着是，“主题是什么”，然后是，“它的历史是怎样的”。因此我们发现，按照逻辑顺序，我们现在即将开始讨论进行思考活动所需要做的准备。

第一章　为什么要学习思考?

每个人都能更好地思考——更好地思考，意味着更优秀——更好地思考的实际应用——普通商业人士对思考基本规则的忽视——思考的工具——一场关于思考的讨论的结果

你或许会问：“作为一名商人为什么会写一本关于思考的书呢？”假如你产生了这个疑问，那么有可能你还会继续提出一系列相关的问题。“他对这个课题的兴趣点在哪，是理论方面的还是实践方面的？他有什么资格探讨这个课题？我作为一个读者为什么应该对分析思考问题感兴趣呢？最后，假如我不厌其烦地认真读了这本书，它又会对我有什么帮助？”我想我应该在这本书的开头就试着为你解答这些问题。

首先，为什么一个商人，或者更具体地来说，我这个商人要去写一本关于思考的书？通常来说，人们写书是为了艺术，为了

赞美，为了金钱，为了探索他们自己的思想或者传播某种理念。我写这本书主要就是为了传播理念。这个理念就是：人——所有人——都可以更好地思考，并且因此变得更优秀。我想传播这样一种理念本身就能证明写这本书是无可非议的，正如你由书名所推测的那样，这本书关注的主要是关于如何更好地思考的问题。

现在来看第二个假设问题。我对这个课题的兴趣点是理论方面的还是实践方面的？我的答案是：都有。由于我已经在这本书中选择将自己几乎完全限制在这个问题的实践方面，所以关于理论的美学方面我只是寄希望于顺便简要说明——一个被喻为“纯粹的心灵之光”的人所能体验到的快乐。我也会简单地讨论思维理论中一些相当有挑战性的问题。但总体来说，我努力向读者展示人们阅读这本书的直接结果是，可以学会更好地思考日常生活中所遇到的问题。读完这本书之后，你可以通过判断自己是否会这么去做来公正地评判这本书的成败。因为有一点是毫无疑问的，那就是思考和其他所有艺术一样——你可以得到别人的帮助，但是严格来说，除了你自己，谁也不能教会你。无论怎么去做，真正的艺术都是没有捷径可走的；然而，假如回报是丰厚的，再艰辛的付出也是无怨无悔的。我知道那些学会良好思考的人所获得的回报是最为丰厚的。

接下来，我要谈谈我自己探讨这个课题的资格问题。首先，让我来说说我有什么资格说明自己没有不懂装懂。很遗憾，我不能问心无愧地把自己描绘成一位伟大的思想家——具备教授思考的艺术的资格，因为他已经掌握了这门艺术。我可能会为自己辩解说，具备教授思考的艺术资格的伟大思想家过去也并不多见，但是我心中还有另一个不同的答案。假如我们坚持要一位伟大的思想家来教导我们思考，那么我们有两种选择：要么去找那些已故的伟大导师，要么不知道要等多久才能让一个现代人（或者将来出现的人）教导我们。难点在于，文明在一定的时期里取得了如此迅速的进步，但据我所知，在故去的作家中，没有一个人——不仅如此，甚至都没有一个小群体——通过阅读其著作，我们就能很轻易地获得我们需要的全部内容。或许现在有一位思考艺术家在从事这样的工作。我不知道有没有。我只知道并没有这样一位在世的导师，而那些逝去的导师需要一个中间人来让我们理解他们的思想。正是作为这个角色，我致力于向你们论述一些问题。

我已经说过我并不是一位伟大的思想家，而且恐怕我还要进一步剥夺自己的资格，因为我并没有读完在我看来我在这本书中试图论述的问题有关的所有著作。这听起来令人震惊。假如我既不是一位伟大的思想家，也没有博览思考领域的著作，那么我有什么资格去告诉别人如何思考呢？

尽管我没有读完与这个课题密切相关的所有著作，但是我已经读了其中很多著作——我猜想比大多数读者都要读得更多。尽管我不是一位伟大的思想家，但是多年以来我一直专注于良好地思考和糟糕地思考这个问题——将其作为一个过程来思考。这就类似于龟兔赛跑那个古老的故事——一个人可能会思考得比他应该做到的更缓慢而且更差劲，慢慢地耗费数年时间去得到值得他珍惜的一部分真理，而且假如他愿意还可以分享。因此我探讨这个课题的资格在于我一直刻苦地致力于研究有关思考的问题，而且这么长的一个时期足以使我敢于相信，我现在在这个领域的知识水平至少是超过常人的；同样，在有关该问题的线索和语言表达上，在更加快速和可靠的传达方式上，我或许比别人了解得更多。

接下来，你要问的一定是：为什么会对分析思考问题感兴趣？即使我们已经确定了这是一个让我感兴趣的问题，你还是会这么问。这个问题与最后一个问题，也就是一本关于如何思考的好书可能对你有何帮助这一问题密切相关。假如它能帮助你更好或者更明确地去完成你想要完成的事情，那么你就不需要更多的理由去如饥似渴地仔细阅读这本书了。

只有真正地读过这本书，你才能确切地知道它是否能给予你这样的帮助。然而，我可以通过我在大约两年前的一次经历来向你解释这个问题。当时我迫切地希望得到一直困扰我的两个问题的哪怕是不确定的答案——聪明人是否会接受通过学习从而更好地思考这一建议，以及接受了这样的建议到底有什么用。

定期与一些高级企业主管会面是我的惯例，他们在商界都肩负着巨大的责任，都是一些才智过人的成功人士，我在上一次会议中听到过多次讨论，有好也有坏。在这个特别会议快要结束时，我说道，我已经在这样的会议上听到过太多各种浪费时间的事情，所以我现在愿意冒着浪费半个小时的风险，用我自己特有的方式来聊一聊。我接着说，我很有兴趣和他们一起来研究一个学术问题，并且建议用学术方式来探讨。我告诉他们我希望用一些非学术性而实用性很强的事例来引入这一问题。

“想象一下，”我说道，“和三位公认的桥牌高手坐下来玩一下午桥牌。如果你从来没有玩过桥牌，不知道规则，不知道叫牌或出牌的信号，也不知道大家公认的玩法，或许你会小赢两把，但是在下午结束的时候你多半就是输家，你们同意我的观点吗？”他们欣然同意了。我接着问道：“假如这是一场赌注很大的游戏，你还要去玩，只能说明你愚蠢到了极点，这一点你们也同意吗？”他们再次同意了我的观点。

“让我们来举个类似的例子，”我说道，“你从来没有打过高尔夫球，但或许会和一位优秀的高尔夫球手打上一局，这是完全有可能的事情。你走到第一个发球台，却连高尔夫球杆都不认识，也不知道哪种球杆适合哪种击球。你盲目地从球杆袋里取出一根球杆，瞄准了高尔夫球，然后闭着眼睛挥了一杆。让我们假设一下，睁开眼睛的时候，你看到你的球童挥舞着手臂大喊着：‘一杆进洞！’毕竟怪事也会经常有。但是我认为，我们可以再次达成一致，这种情况你就是再怎么努力也是毫无希望发生的。无论怎样，不管你是否在第一次击球时就能一杆进洞，如果你要和一位专业的高尔夫球手打完一局，你多半会输掉比赛。或许我们还能进一步达成一致，在这种情况下如果你针对比赛结果赌一大笔钱的话，也是很不明智的。

“我要提示你们眼下就有一个和我们所设想的情况类似的事情。你们所有人都是位于管理层的商业人士，所以应该这么说，在某种程度上你们参与一种思考的游戏，而且坦白来讲，你们参与的这种游戏，正是我所认为的高风险的事情。现在，如果你参与了这种高风险的思考游戏，我想问你，假设在完全公平的情况下，就像在桥牌玩家公认的规则一样，这个思考游戏的规则和惯例又是什么呢？或者更具体地说，就像高尔夫球手一样，他的球杆袋里有哪些不同的球杆？哪种球杆适合哪种击球？现在我想暂停一下，看看我们大家有谁能指明哪一种思考的工具相当于球杆袋里作为高尔夫球手行动工具的那些球杆。”

很遗憾，当时一种尴尬的沉默久久笼罩在我们中间。“你们现在明白了，”我继续说道，“我想说的是，对你们这么唐突地提出我的观点我很抱歉，但是我想让你们相信，这种唐突只是一种简单的表达方式而已，来强调我认为必须强调的观点。现在我想继续探究这其中所蕴含的意义，思考是有工具的，但是我们不知道它们到底是什么。至少我们似乎对它们了解得还不够，或者没有充分地意识到它们，所以我们无法阐明。让我们看看是否能找到解决这个难题的实际办法。

“在我看来，我们所谓的商业思维中有一个由来已久的问题，那就是我们的行为似乎毫无思考的艺术，而这种艺术我们可能会从那些实践过并曾教授过思考的艺术的人身上学到。这是一个重大错误。2000多年前，有一位名叫亚里士多德的人，他是伟大的思想家和导师，曾经提出并教授过思考的艺术的原则，直到今天这些原则和在亚里士多德生活的年代中一样，都被视为是正确的和永恒不朽的。或许研究他的某些思想会给我们带来一些帮助。

“如果我们正在玩高风险游戏，那么在关于思考的这个问题上，还有我们无法忽视的另一层考虑。那就是思考和天性中的其他部分一样，也是要受到规则约束的。并不是所有的规则都是已知的，也不是所有的规则都毫无例外，但是在大多数情况下规则都是真正存在的，并且你不可能违背了规则而不用承担后果。违背思考的规则所带来的后果是你会更容易错误地去思考。如果你按照不符合思考规则的思考结果行事，那么你采取的行动很可能也是错误的。

“还有最后一项准备工作，然后我就开始讨论我已经做好铺垫的思考要素。在所谓的应用领域，比如商业领域中，有很多人因为自己是‘实干家’，而不是‘理论家’，感到十分自豪。我经常听到这样的人相当志得意满地说：‘对于理论我了解得并不太多，但是让我去完成一项工作我能够完成。对我来说，理论的用处就不大。’

“这样的说法愚蠢至极。人们在商海中有成功也有失败，在生活中要面对生老病死，这些都是由很多理论所决定的，无论人们是否在名义上承认这些理论。然而有一种方法可以帮到我们，那就是艺术和科学的应用层面与理论层面从原理上来讲是截然不同的。在理论上存在的艺术中，可能会出现有一个好理论但是‘行不通’这种事情。例如，在形而上学领域中，根本不存在所谓‘行得通’的理论，所以这样的检验方法在这里就不适用。在这一领域中保留下来的某种理论或者结论，据说是好是坏要根据其是否通过一致认可的推理过程来得出，是否所有适用的推理类型都已经演绎，以及该理论所依据的信息是否精确而全面。而另一方面，在应用领域，比如商业领域中，严格来讲，是没有一个好理论但是‘行不通’这种事情的。如果是一个好理论，它就行得通，反之，一个行不通的理论就是糟糕的理论。尽管可能会有一些技术例外，但是我认为这基本上是一个公平合理的说法。

“最后，我们来谈谈思考工具的问题。最简单也是最原始的思考工具被希腊人称为‘类推’。它是一种从特殊到特殊的推理过程。我来举例说明。如果你手下的一个采购员请你授权让他下一个很大的订单，比如说10万美元的订单。这时你回想起大约三年前的一次经历，也有个采购员向你提出类似的请求。当时你研究了一下情况，确信下这个订单是明智的，于是给了他必要的授权，后来证明你的决定是合理的并且可以盈利。这一次你询问了采购员之后，决定在与三年前那个订单的情况大致相同的条件下可以进行这次采购，而不同之处在你看来似乎并不重要。于是你授权下单。你通过运用类推法得出结论并给予了答复。

“这个过程毫无问题。这是所有思考的基础，当我提到类推是最简单而且最原始的思考工具时，绝不是要暗示类推是不尽如人意或者不可靠的，也没有任何理由要去避免使用它。我只是在暗示那些思考能力最为有限的人，即使他们使用的是别的什么罕见的思考方法，只要他们是理性人，就几乎不可避免地会广泛使用类推法。

“下一个思考工具被希腊人称为‘演绎’。这是一种从一般到特殊的推理过程。还是让我以你们的工作来举例说明。如果一个采购员来找你说，街对面的那个商店把某种商品的价格下调到了2.5美元，而这种商品你定的售价是2.95美元。你库存的这种商品和那家商店里的并不是一模一样，不过二者是等价的。采购员问你，他应该怎么办？你想起你们商店有一个通用的策略或规则，那就是要做到完全一样或者等价的商品不会被竞争对手以更低的价格出售。从这条一般规则推理到你面对的这个特定问题，你告诉他赶紧回去把这个商品的售价改为2.5美元，这个采购员和你一样也了解这条规则，但是为什么他首先要来问你呢？在这个例子中，你通过演绎法得出了结论。

“然后我们来看看第三个思考规则或者思考工具，希腊人称为‘归纳’。这是一种从特殊到一般的推理过程。它是思维过程中最富有创造力也最卓有成效的一种。它是一种创造新的结论的方式。这也是我们谈到的三个思考工具中最难使用的。

“现在我们作为商业人士去了解我刚才所提到的三个称谓或者它们所代表的思考过程毫无优势可言，如果不知道这些，我们就总是凭着直觉去为各种问题找到合适的思考工具，但前提是我们充分并均衡地使用这三种思考工具。问题是我们并没有做到。我通过观察发现，在这三种思考工具中商业人士使用最少的一种就是归纳，它最有难度，但同时它也是球杆袋里三根高尔夫球杆中最有用的那一根，而且我认为这是很有根据的。我想提醒大家，如果能更加充分地意识到球杆袋里有三根高尔夫球杆这个事实，也许就会更清楚地认识到，我们对非常有用的第三根球杆的使用是何其少见。这样的意识可以引导我们更频繁且更坚定地努力使用第三种思考工具，也可以引导我们通过不断地尝试和实践从而更熟练地使用它。

“我想将这个学术课题尽可能地贴近你们的日常工作。你们很快就要面对一个非常实际的问题，这个问题每年你们都会面对，那就是如何在7月这个通常业绩不佳的月份中获得更大的销售额。我建议你们在这个问题上使用归纳法，看看是否能通过发现一些有用的新的结论，从而建立起一些关于在7月获得额外业务的现实的并且实用的新想法。我想留给你们的问题是：什么样的思考，而且是前所未有的思考，可能会导致客户在7月购买的商品比以前更多呢？如果不能说服客户增加7月的采购总量，那么如何至少说服他们在你的商店里尽可能地购买商品呢？当然，这个问题只是最初那个问题——如何在7月获得更大的销售额的展开，让我们来看看这个问题的展开，与有意识地运用归纳法结合在一起，是否能帮助我们发现一些新的线索。”这次的会议就到此结束了。

这次会议还有两次后续会议，都很重要，构成了整个事情的关键。第一次后续会议是关于参会者对我所说的话做出的反应。我后来了解到，当时参加会议的大约有12人，其中有两位对此感到非常厌恶，他们认为自己的思考能力遭到了侮辱。我还发现他们对商务会议中任何这种学术性的干扰都很厌恶。出于某些不可思议的原因，他们似乎将商务会议上的理论思辨在某种程度上看作是对他们个人的侮辱。出于个人原因，他们也反对把宝贵的时间浪费在对他们来说似乎只不过是大学二年级课堂上的废话上面。

与会人员中还有两三个人对这次讨论漠不关心。他们并没有特别反对那些想要从中获得益处的人，但对他们自己而言，这样的讨论丝毫没有用处。

剩下的七八个人确实很感兴趣。他们相信，如果提高了抽象思考的质量，那么他们就可以期待更坚定并且更实际地完成工作目标。他们之中的大多数人想得更长远，并表示相信更好地思考会在其他方面也帮助到他们——会使他们成为更优秀的人，而不仅仅是更优秀的商业人士。这是非常振奋人心的事情。这七八个人中的四五个人告诉我，他们希望知道更多关于这种商业思考的知识——他们该如何去做？我告诉他们这是一件困难的事情，但是值得去做，而且如果他们是认真的，我会给出书单让他们去阅读，他们要是愿意我还可以帮他们讲解这些书。我们意气相投，在我的眼中，他们已经成为更加敏锐的思考者了。

这次会议另一个重要的后续会议与这些公司高级主管用归纳法这一新方式去发掘7月业务所采取的直接行动有关。他们与自己的助手开会商讨，向助手解释他们想做什么以及打算如何去做，和我向他们解释那样差不多。他们产生了新的兴趣和兴奋点，但是，真正至关重要的是他们产生了新的答案。并没有什么惊天动地的事情，也没有什么能使他们在7月的销售额翻了三番，但至少新的答案使他们的业务计划相比过去几年明显扩大了，而且对效益产生了明显影响。你明白我的意思了。有一群人在仅仅接触了一次关于思考的不同理念——而且只是一次不完整、仓促也很不专业的阐述之后——就能够产生兴趣，因为兴趣而行动，并且卓有成效地行动。这就是为什么我认为整本书提出了一个可以创造奇迹的观点，即便这是一本不够完美而且不够完整的书。

第二章　什么是思考？

思考是将经验整理成模式的过程——有三种主要模式：类推、演绎和归纳——思维的三个层次：无意识、前意识和意识——它们各自在实用性思考中所扮演的角色——直觉——推理——思考与欲望和行动有关——“参考系统”——对思考的批判

如果你现在已经同意和我一起探讨如何思考，或者换一个更合适的标题：如何更好地思考，那么接下来的课题从逻辑上看似乎要谈论到底什么是思考。我们想要学着做到所谓更好地思考究竟该怎么做呢？我们不妨果断地去面对这样一个事实，正确定义思考的过程长久以来就是一个棘手并且微妙的问题。让我们暂且把这个问题的微妙之处留给经院学者和语言专家，然后大胆地指出所谓思考的过程就是将经验整理成模式的过程。类推、演绎和归纳，我们在上一章中描述过这几种思考工具，将其称为思考

的模式同样也是正确的。你可以想象一下，有一袋玻璃球，大小不一，有红色、绿色和蓝色的。首先，让我们假设你想找到分类整理这些玻璃球的所有方法。你会有各种各样的选择。你可以说所有玻璃球都是类似的，因为它们都是圆的，而且都是玻璃球。或者你可以说所有的红色玻璃球都是类似的，绿色和蓝色的也一样；又或者你可以说大的玻璃球是相似的一类，小的玻璃球是相似的一类……这样就会穷举出这个特定袋子中的玻璃球比较明显的分类的可能性。从这个例子中可以看出，类推与相似性和差异性有关，而类推模式的使用方法是由你选择作为管理对象的那些相似和不同的元素预先决定的。

如果你想对这些玻璃球做一个归纳，通过称重少数几个玻璃球，你就会发现，大一些的玻璃球总是要比较小的玻璃球重。你可能会得出一个概括性的结论或者归纳，那就是所有类似材质的较大的玻璃球始终都要比较小的玻璃球更重。

如果有人再递给你一大一小两个玻璃球，那么你就能通过演绎法推断出较小的玻璃球一定比较大的更轻，而不用将玻璃球称重。

在这三个例子中，你可以看到对目前为止所提到的三种思考工具的使用。通过将一段特定的经验整理成模式，也就是上文所提到的分类整理一袋玻璃球，其结论应该是这样的：思考就是将经验整理成模式的过程。然而，和大多数归纳一样，这也是一种对实际发生的过程的过度简化，能让我们深入了解思考过程的基本性质，但是除此之外的情况都是不能成立的。如果你和医生或者心理学家去谈论思考的本质，你可能会得到一个更专业、更复杂的解释，不过这会令你更难理解。如果你和哲学家去谈论思考的本质，你同样会得到一个更专业、更复杂的解释，而且这种解释可能还是会难以理解。如果你和街上的普通人去谈论思考的本质，你会得到一个不那么复杂和缺乏专业性的解释，但他们的观点却是完全无法理解的。在定义思考行为的过程中，你面临着这种无法使人满意的选择范围，不管怎么说，你现在最好接受我所提出的解释，但是保留你自己优化和扩大这个定义的权利，就像我所指出的学术问题，你关于这些问题的知识范围也在扩大。

对弗洛伊德这样的心理学家而言，思考发生在无意识层面、前意识层面和意识层面。然而根据我们的目的，我们将仅仅讨论发生在意识层面和潜意识[1]层面的思考。潜意识层面的思考可以描述为一种本能的、难以言喻的或者被称为“第六感”的思考行为。相比之下，意识层面的思考可以描述为一种能被系统阐述而且合乎逻辑的思考行为。有效的意识层面思考主要取决于两个因素：一个是我们称为“语言”的符号体系；另一个是我们的头脑

① 弗洛伊德认为，潜意识包括了前意识和无意识。——译者注

具备的能储存并回想起来过去那些具有象征意义的经历的能力。我们将在之后关于语义学的章节中进一步讨论这个问题。

潜意识的思考，也就是所谓的直觉，被希腊人称为“理性”，他们认为这是原始的、基础的思考过程。作为起源，潜意识思考孕育了所有已知的推理方法；所有有用的发现和发明；艺术家们所有使人陶醉的想象以及科学家们所有具有实用性的成果。基于这一点，我们可以确定，潜意识层面的直觉过程与意识层面逻辑清晰的推理过程相比，在实践中至少有两个优势：直觉总是比推理更快；它可以（从理论上来说）解决任何推理可以解决的问题，而且还能解决一些明显不能用推理来解决的问题。当然我们也要公正地指出，推理也具有其自身的优势。它具有三个优势：首先，推理是一种允许你在行动之前检查某个决定是否有效的过程。其次，推理过程是可以传递的，因此可以教授，而直觉则不能。一个人可以告诉另一个人他是如何在意识层面上得出一个结论，而他却不能解释他是如何在潜意识层面上得出一个直觉性的结论，除非他随后就能将直觉思考提升到意识层面，但是这样做的时候直觉就变成推理了。

我希望将这一点彻底阐述清楚。比如说，你是一位外科医生，你的朋友带着他正在上大学三年级的儿子来见你。这个男孩正在考虑从医，他想知道你在他这个年纪的时候是如何决定从医的。如果你对这个孩子说：“我有一种直觉，从医会吸引我”，或者说，“我有一种预感我能成为一位很好的医生”，那么你真没有帮上他什么忙。如果他想完全依靠直觉，他也可以对自己的事业同样做出很好的决定，而不需要去询问你做决定的最初想法。他想知道的是你在他这个年纪如何推断出当时的决定，除非你能在脑海中回忆起那个时候的想法，将你最初的潜意识层面的直觉提升到意识层面逻辑清晰的推理步骤，否则你的经验价值是无法传达的，所以你也没有什么东西可以教给这个向你求助的年轻人。

推理还有第三个优势：在很多情况下，推理比直觉更可靠。这里有一个很明显的例子。如果让你做一道数学题，645792除以3472，你或许可以通过直觉得到正确答案，但是假如你碰巧很熟悉长除法的解题过程，这个解题过程是一种推理形式，你通过运用长除法的解题过程得到了答案，那么显然你得到的数字很可能比你从潜意识中得到的任何答案都更要可靠。

让我们把注意力转移到与思考相关的另外两种人类活动形式的关系的问题上。我们正在研究什么是思考，而理解一项活动的有效方法之一就是研究这项活动与类似活动之间的本质关系。三种主要的生命活动可以说是：欲望、思考和行动。从某些方面来讲，思考是这三种活动的主导。思考并不能完全支配欲望，因为欲望是由另外两种力量形成的，只是部分受制于思考的影响。形成欲望的两种力量之一是人类作为动物的生物性、生理本能以及先天反应的集合，另外一种力量是环境。对此，我向你们推荐一本很薄但是引人入胜的书——亚里士多德所著的《尼各马可伦理学》。这是一本关于无处不在的人类行为的著作，阐述了一种理解深刻而且跟得上时代的哲学思维。

行为可以从美德的角度来考虑。柏拉图在《普罗塔哥拉》一书中将美德列为五种——智慧、勇气、正义、节制和圣洁。而亚里士多德对这种不完全的分析感到不满，他将美德定义为个人品质的一种状态，是一个始终介于两个极端之间的平均值。他将美德分为两种——一种是伦理美德，与正确的欲望有关，要通过习惯和反复实践来获得；另一种是理智美德，与正确的思考有关，要通过教导和理解以及实践来获得。亚里士多德提出的伦理美德包括谨慎、勇气、正义和节制，还有慷慨、宽容、自尊、志气、平和、友善、诚实、智慧以及适当的羞耻之心。前四个被认为是主要的伦理美德。《尼各马可伦理学》一书中所描述的理智美德只有五种：科学、艺术、实用智慧、直觉理性以及哲学智慧。亚里士多德认为哲学智慧是人类最需要的，在这一点上他同意柏拉图和苏格拉底二人的观点。亚里士多德在他的著作中不仅指出了这些品质是美德，而且阐明了它们为什么是美德以及如何获得。尽管他没有说的那么明确，但我们可以从他的著作中推断，或者我们也可以根据具体情况独立得出结论：假如一个人被迫在伦理美德和理智美德之间做出选择，他可能不得不优先选择拥有伦理美德；假如一个人的欲望是错误的，而他所思考的是为了更好地获得这些错误的东西，那么善于思考就没有什么好处了。（哲学智慧当然会把任何这样的选择排除在外，因为拥有哲学智慧就意味着拥有了其他所有美德。）

思考活动的另一种形式就是行为活动。即使一个人的欲望是正确的，他也能用正确的思考方式去得到它们，但如果他不能有效地行动，那么之前的一切都将以失败告终。当我说思考是主导的时候，并不是说它完全主导着这三种活动，我的意思是说在全部的生命活动中，三种活动的每一种都发挥着其自身必要的功能，而良好地思考一方面能带来更好的欲望，另一方面也会带来更好的行动。

通过适当地去考虑什么是思考，还可以发现另一个有益的区别。心理学家发明了一个很有用的短语："参考系统"。通过"参考系统"，他们能够表达关于你所涉及的任何特定陈述的总体经验。在思考活动的整个领域中，可能有三个参考系统。第一个是宗教参考系统，由那些基于信仰的自愿行为组成，这些行为被个人认为是适合去做的。这并不是说宗教和理性本身是互相对立的，也不是说宗教的约束条款一定会包括对一些与理性相违背的事物的信仰。关键在于，任何宗教行为都不需要用一个被理性行为验证无误的思想来支撑，而且恰好相反，任何理性行为都不会对一个通过宗教行为刻意保持的信仰构成真正的挑战。因此，宗教参考系统可以说与另两个参考系统之间仅仅是稍有联系而已。自愿的宗教行为不会受制于任何法律或者理性行为，也不能因为任何理由而受到质疑。

第二个参考系统是科学参考系统。那些被个人知晓，或者可以被知晓的所谓的事实，是指随着人类和文明的发展成熟，逐步费力地集中在一起的聚沙成塔的事实宝库。

第三个参考系统是哲学参考系统，所涉及的事情既不是关于信仰行为的，也与知识项目无关，它超出了已知范围，但并非超越所有的认知。所有我该问的和不该问的伦理问题；所有关于存在和发展的形而上学的问题，以及物质、本质和什么是真理；我知道什么和我真正了解自己知道的是什么等等，所有这些认识论的问题，都属于第三个参考系统。

再强调一遍，除非你知道如何去使用这三个参考系统，否则知道它们之间的区别是毫无用处的。它们的用处各不相同，各有各的特点。如前文所述，你从来没有真正地质疑过宗教的约束条款，你只是简单地想要了解它们与生存、思考以及行为之间的关系。如果你具备这样的能力，能够依据某些明确的科学惯例来证明任何有争议的命题，那么你可以仅仅为了满足你自己而去质疑在科学参考系统中的知识。

根据哲学参考系统，你可能会提出四种质疑，莫迪默·艾德勒在他的著作《如何读一本书》中有很好的阐述。如果你理解了

（而且只有当你理解）这个将要讨论的命题时，你可能会根据艾德勒博士所提出的四种质疑方式中的一种来提问，而且只会在这四种方式的范围之内。你可能会提出这四种质疑：你的信息是不完整的；你的信息是不正确的；你的分析是不正确的；你的分析是不完整的。这让我想起了我的一个朋友最喜欢的一句话，意思是你不能通过怀疑对手的出身来理所当然地赢得一场辩论。

如果能正确理解思考领域中这些区别，那么很多令人乏味而且毫无益处的争论就有可能不复存在。尤其是第一条规则，即如果你并不理解一个命题，那么你就没有资格去反对或者批评它。假设一下，如果欲望和思考之间的区别，或者简单地转变一下说法，感觉和思考之间的区别，同样也能被很好地理解，那么无数毫无意义的争论应该也会烟消云散。我认为通过这些发现我们已经充分地研究了什么是思考的问题，可以继续讨论下一个话题了。

第三章　一些关于思考的历史的关注

苏格拉底——柏拉图——亚里士多德——亚里士多德与三段论——托马斯·阿奎纳——棋逢对手的逻辑学家之战——立场冲突的调和

我们已经为对思考感兴趣奠定了一定的基础，还对“思考过程到底是什么”这个问题展开了研究。接下来，我们应该关注思考是否有它自己的历史，如果有，又是什么样的历史。

人们已经注意到，在过去的两千年或者更长的时间里，人类生存活动的基本阶段并没有完全被忽视，事实上过去有很多伟大的思想家对此都进行了一些值得注意的观察。我们暂且让思绪回到公元前5世纪那个神话般的希腊黄金时代。在那个时期，哲学真正地诞生了，并且蓬勃发展。思考非常重要，思考的方式同样如此。

早期的希腊人追求完美，不管手头上的事情是一场竞走比赛，或是修建一个新建筑物的装饰雕刻带，又或者是比较两种思考方式来发现其中哪一种更好。希腊人做所有这些事情的方式都是严肃的，而且只有完美才是可以被完全接受的。让我们来澄清两件事情。我所说的这些早期的希腊人，严格来讲，是指古老而神奇的希腊文明在后期厚积薄发开出的文明之花。不过，他们对完美的不懈追求并没有带来实质性的发现，但确实很接近找到实质性发现的方法，据我所知，这样的成就是前无古人后无来者的。

在哲学领域，特定环境特别有利于惊人的发展。希腊人思想中不安的躁动始终倾向于努力战胜未知，思辨给他们带来的快乐，以及他们与生俱来的耀眼的智慧，这些都是构成他们哲学成就的一部分。在那个时期，伟大的思想家周围涌现出了很多所谓的学校，不管是因为运气好还是管理得好，进出学校的人们无论老少，都是渴望智慧和真理的人。当你进一步补充说明某些公民领袖慷慨赞助这些学校、满足学校研究和物质上的需要时，你会发现学校似乎是可以培育出最好的哲学成果的完美土壤。在涌现出一长串较为次要的人物之后，我们满怀欣喜地等到了那个善良、丑陋而又充满智慧的人，他就是苏格拉底。他当之无愧地被认为是许多优秀的辩证法之父，而且仅凭这一点，我们就必须永远对他感激不尽。他相信辩证法在良好的交谈中可以给人留下一种不那么矫揉造作的印象。他相信辩证法是因为辩证法本身。苏格拉底实践辩证法，提倡辩证法，同时在他温和的引导之下，辩证法成长起来，变得兴盛，而且达到了最高水平。他知道世界上最值得追求的目标就是真理，他也相信在追求真理的过程中会产生智慧。当然，他从来没有真正想过要找到真理，但是他教导学生们，如果他们知道真理是存在的，尽管他们还没有掌握真理，那也应该已经是朝着真理的方向迈出了坚定的一步，另外，或许也获得了智慧。

苏格拉底的传记是一部特别致力于勾勒出他的精神和学说的著作，是由他最优秀的学生柏拉图所著的。如果你碰巧还不熟悉这位天才学生为他的导师所编撰的极具启发性的传记，我希望你不要再迟疑，应该立刻去体验这本书给你带来的快乐。关于苏格拉底的书都是柏拉图所著，这一点令人非常遗憾，其他人所著的关于柏拉图的书同样如此；因为不去细细品味本人的原著，就不可能真正理解他的思想，或许也有很多人在读这样的著作时会有所感悟，但转述的著作可能是最差劲的。

这个伟大的“思想三重奏”中的第三个人是亚里士多德，在我看来，他是最伟大的一位，他继承了前人的知识，并将其转化成了更伟大的东西。亚里士多德在分析上拥有卓越的天分，而且最复杂和最混乱的东西在他神奇的整理之下也会变成具体化而有意义的形式。他的研究领域囊括了哲学的所有范围，并将其划分为逻辑、道德、科学和美学四个领域。他对每一个划分的主题都进行了分类和细化，为子孙后代描绘出一个如此清晰和完整的知识图谱，在大多数情况下，人们只需要在他勾勒出的具有说服力而不可推翻的知识图谱上填满细节就可以了。

亚里士多德体系的基石是他的逻辑学。作为一个希腊人，他所关注的是做事情的方式，他这样说道，如果你能找到正确的思考方式，那么你就能正确地思考关于伦理、科学和美学的问题。亚里士多德的思考体系承认三种思考形式——直觉、形式逻辑以及能进行必要的有效推理的科学，而其他那些有用但推理不那么令人信服的思考形式，后来的数学家们借助概率论对其进行了探究。亚里士多德大部分的著作都与形式逻辑有关，为此，他完成了他的杰作，也是有史以来最伟大的发现之一——三段论。三段论的体系是由一套正规的程序所组成的，凭借这一体系，假如一个人知道某一事物是怎样的，那么他就能推断出其他某些特定事物的必然性。

我想提醒大家注意，三段论的科学之处在于其本身就是一种研究。我想要指出的是三段论就是所谓的“假如……那么……”这种推理形式最初的框架。亚里士多德清晰而精确地指出什么样的前提可以合理地推断出什么样的结论。由特定的前提和特定的中项是不可能推导出任何一般性结论的。你也不可能由否定的前提和否定的中项推导出肯定的结论……诸如此类的情况不胜枚举。亚里士多德列举出了形式推理中的11种谬误。其中有4种被称为“形式谬误”；也就是说，不管推理的论题是什么，只要存在一个形式谬误，那么这个推理就是没有必要或者没有根据的。他又进一步列举出了7种实质谬误：也就是说，这样的谬误与推理的论题本身有关。在亚里士多德最初列举的实质谬误中，诸如“不根据前提的推理”和“窃取论题”这样耳熟能详的表述都是被包含其中的。

我再一次提醒大家注意，去了解亚里士多德关于三段论发展的规则或者可能存在11种谬误的事实，并没有任何固有利益。了解这些的唯一好处是在你的日常生活和思考中，你可以感受到避免一些严重错误所带来的满足感和益处，因为如果你不知道这些规则的存在，那么就会因为违背这些规则而出现严重错误。如果你对这些规则一无所知甚至连听都没听过“三段论”这个词，但是你可以做到始终如一地推理恰当并且避免这些错误，那么毫无疑问，尝试去熟悉这些东西完全就是浪费你的时间。然而事实上，即使你知道这些规则，要做到好好思考并且避免错误依然是十分困难的事情。我应该这么说，根据我自己的观察来判断，当你不知道这些规则的时候，这简直是不可能做到的事情。

我承认提出这样的说法会让人不舒服，从表面上看，一个过于复杂和严密的逻辑系统，无法用寥寥数语进行描述，甚至连加以适当的简短提示都无法做到。但是在这本书的开头部分，我想尽可能避开思考这一课题学术方面的内容，并且基本上紧贴聪明的非专业人士可能期望通过日常阅读就能获得益处的那些实用的内容。

在漫长的岁月里，亚里士多德一直以来都有一群追随者、解释者和曲解者，包括近现代的注释者。然而直到自他所在的时代向后推移大约16个世纪，来到公元12世纪时，我们才在思考的国度中找到另外一位巨人。在那个时代，中世纪的神职人员和学者在陡峭的岩石上凿刻了诸如“一个大头针帽上可以容纳多少位天使在上面跳舞？”这样深刻的问题。当然，真正的冲突缘于对宗教参考系统和哲学参考系统二者之间关系的误解；而虔诚的基督教徒则因为无力解决例如自由选择问题这样的两难困境而深感不安。

托马斯·阿奎纳是一位伟大的神学家，同时也是一位伟大的哲学家，他撰写了《神学大全》，并且出色地解决了那些两难困境。从那时候直到现在，哲学之河涌动得更加缓慢，但依然稳步向前，特别是在法国、德国和英国。关于思考有了很好的思路，也有优秀的文章将其记录了下来。然而在过去这150年里，哲学之河再次变得浑浊起来。科学家和哲学家之间发生了毫无必要而且基本上没有任何意义的争斗。因为科学家对哲学夸夸其谈，而哲学家对科学家则极其傲慢无礼，他们亲手将自己的名望变得毫无意义。心理学作为一门新的科学兴起了。物理学则逐渐变为一个“非牛顿领域”。数学以飞快的步伐发展到了超越欧几里得的更高阶段。甚至连形式逻辑也走向岔道，成了非亚里士多德的方式。这些在旧日如同神祇一般的存在据说都有致命的缺陷，而一种毫无秩序的混乱状态山雨欲来。我们今天的处境或多或少就是那个状况，逻辑学学派、心理学学派、符号逻辑学学派、改良亚里士多德学派以及非亚里士多德学派等诸多学派百家争鸣。毫无疑问，没有这些表面上混乱不堪的各种主张和与之对立的主张，会再次合理地建立起来一些让人可以接受的表面秩序吗?

我现在已经是第二次跑题了，因为我向你们描述的内容是自己所感兴趣的学术问题的一部分。而实际的应用是这样的：社会和科学的变化表明，我们思考体系扩展中产生的一些值得期待的东西，超出了亚里士多德建立的经典的并且基本上仍然可靠的思考体系的范围。在那些新的逻辑体系中，没有哪一个不是原本就暗含在亚里士多德的体系之内的。这些新的逻辑体系都是由各自的首创者明确创立而成的，但是它们与亚里士多德的原型体系之间的关系和它们自身彼此之间的关系并没有被清楚而有效地阐明。

我相信，更好地思考能够在一定程度上通过对经典体系的理解以及对各种新体系与旧体系之间关系的理解来获得。对你而言，这听起来可能比我所设想的更加令你望而生畏而且不着边际，也更加令人费解。这也将是我写作这本书中题为“思考的艺术”的第二部分的目的所在，简单来说，我希望迅速运用一些思考的规则，从而使囊括所有不同体系的通盘考虑变为可能。

在结束这一章之前，我想告诉你一些新体系及其首创者的名字，因此，如果好奇心驱使你去寻找原始资料，我希望你的好奇心现在就起作用，然后你就可以对这些不同体系的重要性做出判断，并建立属于你自己的各体系之间关系的秩序。经典逻辑学由亚里士多德开创。改良经典逻辑学拥有相当多的现代文献和著作，其中约翰·克里斯托弗·弗里德里希·冯·席勒所著的《普通逻辑学》和《实用逻辑学》这两本著作堪称典范，阿尔弗雷德·西奇威克所著的《应用逻辑学》是另一本典范。符号逻辑学是一种数理逻辑的简略表达，伯特兰·罗素所著的《数学原则》；阿尔弗雷德·怀特海和伯特兰·罗素合著的《数学原理》以及乔治·布尔所著的《思维规律的研究》这几本著作都是符号逻辑学很好的代表作。语义学所关注的是语言作为符号的本质，波兰数学家、心理学家柯日布斯基伯爵所著的《科学和理智》，以及两位英国学者奥格登和理查兹合著的《意义的意义》是语义学的代表作。阅读斯图尔特·蔡斯所著的《语言的暴政》一书，就可以了解到一种关于语义学论题的简单解释。博戈斯洛夫斯基所著的《辩论技巧》一书很好地描述了连续统一体。除了这些之外，还有数学家研究概率逻辑学的著作，如果只选一本书作为代表，约翰·梅纳德·凯恩斯在他所著的《概率论》一书中对概率逻辑学进行了很好的研究。然后，作为额外的补充，我推荐的是莫迪默·艾德勒的著作。他所著的《辩证法》是我所知道的自苏格拉底以来，关于辩证法这个主题的第一个真正算是过得去的研究。如果你打算认真着手研究这些著作中的任何一本，那么你最好从阅读莫迪默·艾德勒的著作《如何读一本书》开始。即使你仅仅读了这一本书就没有再继续阅读介绍给你的这个书单上的书，你也会让自己汲取一些最优秀的精神食粮。

这是一个相当令人生畏的书单，但这仍然只是关于这些主题汗牛充栋的文献著作中微不足道的一部分。学海无涯而时光易逝，假如你能找到其他人来帮你读这些书，并且从他们那里合理而可靠地提炼出那些对你而言能立即运用的部分，那么你会错过一些乐趣，但是可以获得一些时间。至少我是这么想的。

第四章　一个人可以思考的是什么？

思考受限于个人的经验——获得任何一个命题的所有资料都是不可能的——基于不完整的信息做出决定的艺术——完善经验的重要性

在寻求更好地思考的过程中，到目前为止，我们都遵循着详察这个优良的传统——“为什么我们应该对这个课题感兴趣”，接着是，“主题是什么”，然后是，“它的历史是怎样的”。因此我们发现按照逻辑顺序，我们现在即将开始讨论进行思考活动所需要做的准备。思考活动可以基于任何已经存在于经验范围之内的东西。除此之外，不能基于任何别的东西。当“经验”这个词用于这一层意义上时，它不仅包括个人的直接经验，而且还将通过文学、绘画或者电影这样的平面艺术，以及通过交谈、演讲或者无线电广播这样的听觉艺术所获得的间接经验包括在内，确切地说，包括通过任何可以被人记在脑海中的感官印象表现形式所获得的经验。

理解“思考只能基于经验”这一命题的意义是非常重要的。除非某个符号在某个时间以某种方式已经进入了你的经验范围，否则你就无法思考这个符号的用法。在发现美洲之前，欧洲人是不可能思考美洲的。他们可能思考过，并且事实上确实思考过海洋之外存在陆地的可能性；但是很明显，他们所思考的是这些陆地是否可能和他们所知道的陆地相似。也就是说，他们思考的是他们所知道的陆地以及海洋之外的陆地上可能存在怎样的变化。因此，严格来说，他们是根据自己的陆地在思考，所以他们思考的是自己的陆地，而不是美洲。

回到我们当前的主题，如果你从来没听说过三段论，那么你就无法思考三段论。你可能会思考属于你自己的与三段论类似的东西，或者部分与三段论类似的东西，然而这与你思考三段论根本不是一回事。现在我希望我已经成功地说明了这一点，除非在某种程度上你能思考三段论，否则对于思考这一主题你就不能非常聪明地去思考，所以你的经验范围问题成了你的思考范围的决定性因素之一。

如果你沿着这条推理的路线一直走到它逻辑上的终极，你会不可避免地得出一个非常令人沮丧的结论——这也是我很久以前得出的一个结论。那就是，无论你多么有决心而且干劲十足地规划你的经历，丰富你的交际，而且尽量消除你的无知区域，那些没有被你消除的无知区域还是一片漆黑，还是如此之大，以至于你很可能永远都不会掌握关于任何一个问题的所有相关信息。这意味着无论你的思考可以达到什么样的水平，你还是会永远处于危险的境地，几乎可以肯定的是，在你深思熟虑时，至少有某一个应该可以帮助你找到解决方案的真正重要的因素被你遗漏了，而且很可能远远不止一个。这并非毫无可能，而是一个骇人听闻的事实。当你开始花大力气试着提高思考的水平之前，你就知道可以用来锻炼思考的东西是如此令人绝望的少之又少，这一点大有可能导致你再次怀疑为什么要这么做。

那么我来告诉你我所认为的答案是什么。生活的艺术本质就是在信息不全的情况下做决定。无论你喜欢与否，仅仅是为了使生活继续，你都不得不做出各种决定。无论你喜欢与否，你都不得不在信息不全的情况下做出这些决定。我的脑海中一直萦绕着一个想法，那就是在你必须做出决定的时候，信息越是不全，你就越有必要基于这些不完全的信息发挥你的思考能力，这是可能存在的最佳解决方案。

无处不在的不确定性中存在一种安慰，也正是这种安慰支持着这么多人继续前行，使这么多企业在业界发展，使这么多教育机构尽职尽责地致力于教书育人的事业，尽管一轮又一轮的教育工作让他们感到疲倦。这种安慰是，正如你自己所掌握的信息完全不足以解决你所面临的问题一样，其他所有人也是如此。因此，你获得正确答案的机会和别人是一样多的。

我已经为你们描绘了这件事情的阴暗面，那么我同样也应该勾勒出更光明而且更充满希望的一面，这样才是公平合理的。在这件事情上，你并不是完全不可救药地成了客观环境的牺牲品。你可以对你的经验范围施加一些管控措施。如果你是普通人，你可能要么只是在某种程度上利用了我所知道的最有效的一种管控措施——读书，要么根本就没有这样去做。

读书可以使人过上一百种生活，而不是只能过着一种生活；可以使人生活在所有的年代并且可以去所有的国家探险；可以探索物理领域和形而上学领域以及存在于二者之间的一切事物。不是每个人在年轻的时候都被教导要读书。如今大多数人被教授的只是基础知识，以及如何通过读一些缺乏深度的文章的把戏来冒充阅读，比如翻翻报纸或者杂志，而我绝不是指这些，我指的是读书。我的意思是，如果想从书籍中受益，你就要最大程度地汲取书籍所提供的事实信息、情感满足以及精神激励。

然而，假如你是一个不可救药的顽固不化之人，从来没有学着在这层意义上去读书，并且确实也学不会，那么我之前提到的所有其他途径你都还是可以选择的。剧院、电影以及最重要的、温文尔雅的但几乎已经消失了的谈话艺术，这些途径中，不管你选择哪一个，无论如何你都要牢记我之前提到的你的无知区域。

如果你对哲学一窍不通，那就找个懂哲学的人聊聊。如果你对绘画艺术一无所知，那就到博物馆去欣赏绘画。如果你对中国这个文明的国家的历史毫无了解，那就去读一本关于中国历史的书。

有很多人慷慨激昂地呼吁，为了使民主得以存续，必须进行真正的文科教育。我相信民主。我也相信文科教育。但是对于文科教育或者通识教育，我主要的关注点并不是它们可以使社会秩序的民主形式永世长存变得可能，尽管我也相信这一点，而是在任何形式的社会秩序下，它们都将造就出自由的人——这些人已经得到了如何获得经验以及思考这些经验的教导，并因此成了自由的人。

对于一个拥有完善自己经验的能力的人来说，还需进一步的鼓励。这种鼓励与所获得经验的质量有关，而与数量无关。比如说，有两个人都在看日落，其中一个人看到太阳周围有一个略带红色的光环，就判断明天将会是一个大热天。而另一个人不仅看到了这一特有现象预测了天气的状况，而且还看到了壮观的色彩集合——一曲“光谱的交响乐”，最难以言喻的明亮色调微妙地融合在一起，呈现出一种令人眼花缭乱的明暗对比——各种各样最令人愉快的视觉印象。第二个人可能会继续向别人说教日落在日常生活中的重要性。或者他也有可能在观看日落与他的其他经验之间建立起丰富的联系。他可能会很高兴地想起豪斯曼的某一首诗或者特纳的一幅特别的画。这两个人都看过同样的日落，但是很明显，他们观看日落所获得经验的质量完全不在一个层面上。

然而我们在这个关于日落的事例中并没有发现任何新的事实。有些人会从一段经历中获得更多，而有些人则获得的较少，这是一个常识问题。有人可以在从一段经历中汲取全部益处的时候有意识地施加一些管控措施，这或许同样也可以说是一个常识性问题，而我们到目前还是在夸夸其谈，那么我们该怎么做？这就像马克·吐温关于天气的那个老掉牙的笑话一样：“每个人都在谈论它，但没有任何人对此采取任何行动。”这一章的重点正是告诉你必须行动起来。在以前，大多数时候你都被告知必须学着领悟艺术经验——其实这等于在说艺术的“艺”字有一个草字头一样。我想说的是，你必须学着领会所有的经验，这句话并不是我的原创。你必须学着从经验中汲取更多，而不是你现在大概汲取的那1/10，只要通过一点点聪明地努力，你就可以掌握至少从中汲取一半的能力。我所告诉你的这一切之中还有另外一个与众不同之处，那就是你这么做不仅仅是为了那些可能从中获得的艺术享受，而是如果你真是下定决心要提高思考能力，你就必须同时提高那些你可以用来思考的经验的质量和范围。

这让我想起了《格列佛游记》的第一卷《小人国之旅》。也许你还记得，在那个人口稀少的国家里，一般市民的身高都和格列佛的大拇指差不多，而皇帝是一位身材高大而且体格魁梧的统治者，据说要比他的臣民们高出一个指甲盖那么多。对于信息来说也是如此，没人拥有大量的信息。如果你拥有的极少量的信息比你的邻居所拥有的极少量的信息更多，那么你就具备了一个显著的实质性的优势。在这个竞争激烈的世界上，这样的优势一直都是大多数人热切渴望得到的。

Part 2 >>>

思考的艺术

解决问题的奥秘从本质上来说仍然是一个谜，事实的确如此；但很多时候，当真正的解决方案还没有被发现，而一个错误的解决方案却先一步出现，这时富有艺术性且有见地的思考将使我们能够发现错误并继续寻找真正的解决方案。

第五章　思考的工具

思考的6种工具——1.直觉——2.形式逻辑——3.语义学——4.唯意志论逻辑——5.符号逻辑——6.连续统一体——一种额外的工具：训练有素的直觉

第一种工具：直觉

在孩子们喜欢的所有游戏中，我想没有比“假装游戏”更受他们欢迎的了。当这个游戏“长大”了并披上哲学的外衣之后，它摇身一变，有时被称为“仿佛”哲学。事实上，的确有一本名为《仿佛哲学》的书，作者是德国哲学家汉斯·费英格。他的这本著作对“仿佛”方法的性质、价值和局限性进行了研究，而恰好具有“科学虚构”的特征。这本书真正的核心在于汉斯·费英格对有意识的暂时性虚构在很多方面的使用上具有深刻见解。假如这个世界上伟大的思想家没有利用过这种“仿佛”方法——这种有益的暂时的虚构或者“假装”，要是真有这种可能，那么科学和哲学的进步都将变得更加困难。

我们刚才谈到了人类活动的三种形式：欲望、思考和行动。这就是一种科学虚构的方式。你不能仅仅按照字面意思将欲望和思考区分开来，而且你是否能将它们区分开来也是很值得怀疑的事情；但是，如果我们暂时有意地沉浸在这种无害的虚构之中，那么虚构就会发挥有益的作用并照亮黑暗的角落。因此通过这种人为的区分，我们就能了解到人类行为中一些原本有可能不会被发现的东西。在关于符号逻辑学、语义学以及连续统一体的章节中，我们将有机会进一步研究科学虚构的性质。现在我们只需要这么理解，只要使用者是有意识地使用虚构，那它就是一种很好的方法。

在我看来，以科学虚构的性质这种小专题来展开一场关于思考的艺术的讨论是很合适的。原因在于尽管任何一种真正的艺术都是将多种多样复杂的活动流畅而有节奏地融合在一起，但是只有通过人为地将其区分为艺术理论上的各个组成部分，有意向的学生才有可能一个部分接着一个部分地进行深入细致地学习和实践，最终达成这种流畅而有节奏的融合，这就是他分析的起点和融合的目标。

这是一种简单的方案：如果你想学会骑马，一种方法就是找到一位骑术高明的人并且研究他，观察他的脚、腿和手。当然，一位优秀的骑手不会意识到他身体的这几个部位发生了单独的活动——他只是在骑马。而你作为一名学生，通过分别观察这些部位的活动，然后掌握它们的活动规律，也许最终你也可以像具备骑马艺术的骑手那样轻松而且几乎是下意识地掌控马匹。毫无疑问，你也必须提防落入有学术倾向的学生会遇到的第一个陷阱。作为一名骑手，你一定不能太专注于骑手圈子中所谓的“良好地操控缰绳”这种难题，以致不能继续学习所谓的“良好的骑乘姿势”。根据观察，这两者对于骑术的连续动作而言是同等重要的。

思考的艺术同样如此。一个人不能沉迷于连续统一体的魅力之中，而排斥了解语义学或者三段论的形式和独特风格。我打算向你们列举并描述的思考工具或模式，是流畅而有节奏的思考的艺术中人为的而且在某种程度上不真实的部分。真正的思考艺术家驾驭三段论或者连续统一体的意识往往还不如优秀的骑师驾驭胯下骏马的意识强烈。

在我们打算用来剖析思考的艺术的一系列科学虚构之中，我们首先要考虑的是直觉能力。我们将所有无法阐明的思考都列入直觉能力。这其中蕴藏着奥秘，甚至连最专业的心理学家或者哲学家都没有揭开它的面纱。在人的一生中，潜意识或直觉思维好像几乎是从不间断地在大脑中进行着。它在意识出现的时候和意识被睡眠笼罩的时候也不停歇。它与清晰的意识思考同时进行，而且当意识思考停止的时候它还在继续。它包括记忆能力（柯日布斯基称之为“代代相传的属性”），也包括将经验整理成模式的能力。它包含着人类区别于所有其他有机物的真正本质。至少对我们而言，人类区别于动物的外在形态和实质是比较明显的，但是当我们说灵魂或者心灵是人类所独有的时候，我们所说的就是这个神秘的本质。直觉既是那些我们称之为发现和发明的无穷无尽的新经验模式的源泉，也是那些同样无穷无尽和最令人触目惊心的错误的根源。它的确是所有思考的源泉，因此值得大致了解一下。

我之所以说“大致”了解是经过深思熟虑的。它就像科学领域中的电一样。没有人知道电到底是什么，同样也没有人知道直觉到底是什么，但是我们知道关于电的大量知识以及一些关于直觉的知识。我们知道直觉能力因人而异。在过去的40年或者更长的时间里，心理学家一直试图以“智商”或者智商测试为名义对这种差异进行实证测量。

这让我想起了我打算在这本书中提出的几个非常重要的观点之一。长期以来，心理学家认为，一个人的智商是不变的；一旦测试了智商，你就永远得到了一个人智力的近似值。然而，这个领域中的研究使人们有理由相信事实恰恰相反。人的智力在不同的人生阶段可以发生非常大的变化。艾德勒在他写的关于阅读的书中所描述的“学校的失败”，至少在某种程度上可以归咎于20世纪早期那些相信下面这两个相关命题的心理学家——人的智商有固定不变的特性，以及学习过程的不可迁移性。换句话说，他们所相信的是一个人的思考能力是固定不变的，所以这种能力是不能提高的，他们也依此教导他人；你无法教会一个人进行他能达到的最高思考水平之外的思考；因此在教育过程中你所能做的就是像把很多日用品强行塞进旅行箱一样，对那些学童的大脑进行填鸭式的死记硬背的教学。由此号称要“结果”而不是“过程”的教育方法又死灰复燃，教他们年代、日期，教他们事实，教他们公式。既然他们不能学会更好地思考，至少可以因为交了学费而被教授大量一文不值的所谓的知识，就像物品被强塞进箱子一样。

我不相信那是对的。我相信可能有更好的教育的过程。我由衷希望我们的学校能够更专心地致力于教导人们如何思考，并且减少一些死记硬背的教学。好吧……这是另一回事。无论人们是否能够如同我相信他们可以做到的那样提高实际思考能力——他们的直觉能力——至少试着在自己力所能及的范围之内以最好的方式去思考，这样做始终都是值得的。而有意识地培养直觉是这个过程的第一步。

我们来总结一下。思考是将经验整理成模式的过程。当这个过程发生在潜意识层面的时候，我们便将其称为“直觉”。作为所有思考过程的源泉，直觉力量值得去培养和提高。现在的问题是如何去培养和提高?

在这一点上，请你不要期望过高，哪怕只是一时的。那种用老梅林家代代相传的秘方制成的神奇药油——来一瓶，就一瓶——包你满意，不满意退钱，我给不了你这样神奇的药油，我也没有这样的秘方，谁都没有，只有一些简单的建议，就像老主妇的偏方一样，时灵时不灵，如此而已。

如果醒着的时候你大脑的意识部分始终都保持着与现实的积极接触，那么你的直觉能力将永远无法达到其最大值。几个小时有目的地沉思，没有固定的、特殊的对象吸引意识的注意，这对于培养直觉来说绝对是不可或缺的。心理学家指出了漫无目的的白日梦和我所描述的有目的地沉思之间的不同。白日梦可能有它的价值，也可能没有，而有目的地沉思是有其价值的。不要问我为什么有，或者它对你有什么具体的帮助。我刚才所做的陈述已经远远超出了可论证命题的边界。它们本身就是基于直觉的观点，而我只是表达出来而已。

近年来，心理学家投入了大量的时间和精力来研究催生和激发直觉的过程。尽管他们提供的绝大部分线索，与一位学识渊博且思维活跃的人独立通过不断地反思能够推导出来的内容并没有太大不同，但这些研究还是具有启发性的。疲劳是一种激发直觉的方法，尤其是由令人愉快的剧烈运动产生的疲劳。由剧烈的脑力活动导致的疲劳同样可以有效地激发直觉，例如挖掘欣赏音乐、绘画和歌剧的积极意义。对许多人来说，简单的消遣娱乐就能很好地激发直觉，例如只是单纯地理解音乐，而不是上文描述的挖掘倾听音乐的积极作用。直觉活动可以通过使用咖啡、酒精以及某些药物以化学方法来激发。（在此仅仅只是提及，不是推荐使用。）在前面章节中提到的好书和良好的谈话几乎是激发直觉最好的方法。

我认为激发直觉能力的另一种方法是你向自己提出一个问题——不管什么问题。有意识地仔细思考它，然后把它搁置一段时间，一天、一周或一个月。再回到这个问题上，如果仍然没有解决，那就重复这个过程，重复再重复。最终在我们所谓的灵光一闪中找到这个复杂问题的解决方案，这正是直觉的众多奥秘之一，就像一种著名的治疗方法，这种治疗方法在病人睡觉的时候起作用。

一部分科学虚构将直觉看作是一种独立的能力，原因在于我们自称有时候通过有意识地推理而有时候通过无意识地推理来解决问题，而且这二者是可以区分的。当著名的法国数学家庞加莱解决他最棘手也是最重要的问题之一的时候，这个问题的答案借一道顿悟的闪电在午夜时分把他惊醒了。那时他研究这个问题已经有很多年了。所有他知道的有意识的推理方式已经全部尝试过了。这个问题在他的潜意识里已经根深蒂固了，然后有一天晚上他醒了，答案就在那里。所以你看，不管我或者其他人怎么谈论寻求解决方案，在很大程度上秘密还是深藏不露。我们所能去做的最多的就是了解不同的工具，尽我们所能巧妙地使用它们，然后剩下的就是期待答案了。

然而，假如一切就是如此，那么思考的艺术很大程度上就将不复存在了。解决问题的奥秘从本质上来说仍然是一个谜，事实的确如此；但很多时候，当真正的解决方案还没有被发现，而一个错误的解决方案却先一步出现，这时富有艺术性且有见地的思考将使我们能够发现错误并继续寻找真正的解决方案。这就为我们引出了思考的第二种工具——形式逻辑。

第二种工具：形式逻辑

亚里士多德在他的《形而上学》一书中这样写道："所有人天生都有求知欲。"在同一本著作中后面的章节，他又写道："有些人试图讨论接受真理的条件，这是因为缺乏逻辑训练；因为当他们即将进行一项专题研究时，应该了解与此有关的一切，而不是在他们进行研究的时候再去探讨相关问题。那么很显然，哲学家在研究一切物质的本质时，也必须探究三段论的原理。"

众所周知，三段论是世界历史上第一次将意识推理的过程形式化。让我们从直言三段论的一个经典例子开始探讨："人终有一死。苏格拉底是一个人。因此，苏格拉底终有一死。"第一句话的意思是所有的人都会死，这是基于归纳推理的。对于这句特定的话而言，如果你静下来想一想，它是根本没有办法证明的。我们有充分的理由认为，迄今为止所有曾经活着的人最后都死了。我们从大量例如这样有特定事实的知识点出发，形成一个不可证明的概括性的结论——现在活着的所有人以及未来的所有人都会死去。

下一句话陈述了苏格拉底是一个人。这里要表达的意思是，有一种生物物种，其成员间有相似性，而且与其他物种之间有差异性，这使他们有资格归入被称为"人类"的这个分类。第二个命题是基于演绎推理的：从一般陈述到特定陈述的过渡。

第三句话，也就是苏格拉底终有一死，这就是所谓的蕴含。它与你在学校里学到的一条定理一脉相承，意思是与同一个事物等同的事物互相之间也是等同的。也就是说，苏格拉底等于人，人等于终有一死，因此，苏格拉底等于终有一死。

你会发现，对任何复杂机制进行如此简单的解释，例如三段论，都相当于一种非常不完整的分析，都会因为肤浅和曲解而遭到各种各样的责难。在这本书中我从始至终都必须冒着遭受这种责难的风险，因为如果我必须在不完整但更容易理解的事实和更接近完整但不容易理解的事实之间做出选择，那么有所省略和删节在我看来都不是紧要的，我会忽视逻辑学家的表达习惯而用聪明的非专业人士的语言来表达。因为我不能误导你，所以我会尽可能小心，在我看来任何很重要的省略和删节我都会告知你，但是一般来说，在讨论逻辑和思考时，既保证技术上的正确性，同时还要把讨论的问题控制在普通读者可以接受的范围和形式之内是不可能的，你可以认为这是理所当然的事情。另外，我指的是我所说的那样的普通读者。

我刚才提到三段论推导出结论的过程和一条数学定理密切相关。反过来看，你会认为这条定理与亚里士多德最初的“思维三律”密切相关，“思维三律”不仅是他的三段论的基础，也是他其余所有关于思考的方法论的基础。这三个思维定律通常是这样表述的：

1.A是A——同一律。

2.A不是非A——矛盾律。

3.任何事物要么是A，要么是非A——排中律。

亚里士多德的意思显然是马就是马，马只是马，而不是其他任何东西，以及所有动物要么是马，要么不是马。人不可能既终有一死又长生不死。苏格拉底不可能既是人，又不是人。然后我们再回到三段论。

所有这一切都是真实的，因此如果人终有一死而且苏格拉底是一个人，那么苏格拉底终有一死是必然的，也是不可避免的。“思维三律”和一个被称为“三段论”的结构的三个词项是有效推理的科学性的基础，而且在此基础上，实事求是地来说，也是西方文明在理性领域整个进程的基础。好好想想！在此之前，从来没有一种方法让所有人都能约定俗成地将单纯的意见转变成无论何时何地都有效的结论，而且无论是谁得出的结论都可以被挑战。

在第三章中，我评论过三段论那些错综复杂的惯例。在逻辑学的任何一门基础课程中，你都会发现自己将会接触到谓项、主项和命题；定义和分类；类、属和种；类推、归纳和演绎；分析和综合以及一大堆其他的专业术语。这些术语都很重要，而且值得去了解，但不是说我们现在立刻就要了解它们。如果你想查阅一本关于形式逻辑的简单的、内容紧凑的手册，想要更多地了解那些惯例以及它们源于怎样的推理，你可以为自己准备一本英国科学家威廉姆·斯坦利·杰文斯所著的《逻辑学初级教程》。我猜想不需要投入过多的精力，你就能理解这本书中所包含的逻辑学基础知识。如果你想直接找到原始资料，可以去读亚里士多德所著的《前分析篇》，然后再读他的另外一些关于逻辑学的著作。目前关于形式逻辑，我们打算试着了解的问题是三段论的宽泛性，这一点刚才我们已经讲过了，另外还有三段论的谬误问题，我们现在来讨论。

有些规则可以使你轻易地发现谬误的推理错误。在第三章中，我们简单地提到过11种谬误的存在。现在我来将它们列举出来。首先是4种形式谬误——无视三段论的实质内容而导致无效推理的那些谬误：

第一种形式谬误是四词项谬误。三段论有一个规则是它只能包含三个词项。三段论用数学语言来表达是这样的：A是B，B是C，因此A是C。但是你不能这么说：A是B，C是D，因此A是D，其中存在四个词项。A、B、C和D这样的四个词项，完全破坏了三段论形式的有效性。比如，歪曲我们最初所说的那个例子，你这么说就是无效的："人终有一死。苏格拉底容貌丑陋。因此，所有人都容貌丑陋。"我要提醒你的是，在这个荒谬的例子中，谬误是显而易见的，但实际上存在着许多不那么明显的荒谬的推理，我们都知道从一个口才很好的演讲者嘴里说出的四词项谬误经常会赢得一场争论。

第二种形式谬误是中项不周延谬误。三段论有一个规则是要求每一个中项都必须至少周延一次（而且一定不能引起歧义）。下面这个例子就是违反这一规则的谬误："所有的作家都是聪明人。所有的哲学家都是聪明人。因此，所有的作家都是哲学家。"在这个三段论中，"聪明人"这个中项是没有周延的。你可以将"所有的哲学家都是聪明人"替换成"所有的聪明人都是哲学家"，从而小前提里的中项就是周延的，这样你就使这个三段论在形式上变得有效了。

第三种谬误是不当周延谬误，这种谬误违背了三段论前提中不周延的词项在结论中不得周延的规则。引用杰文斯举的一个例子："所有的盎格鲁-撒克逊人都热爱自由。法国人不是盎格鲁-撒克逊人。因此，法国人不热爱自由。"其中"热爱自由"这个大项在大前提中没有周延。也就是说，陈述中并没有说盎格鲁-撒克逊人是唯一热爱自由的人。所以你不能像这个三段论一样得出法国人不热爱自由的结论。

第四种谬误是否定前提谬误。有一条三段论的规则是如果有一个前提是否定的，那么结论必然也是否定的。举例来说，"中国人不是懦夫。懦夫不能成为优秀的士兵。因此，中国人能成为优秀的士兵。"中国人或许能成为优秀的士兵，也或许不能，然而你不能通过上面这个三段论来证明。

7种实质谬误是错误的丰富来源。首先介绍偶然性谬误，表现为将因果关系归因于巧合。继续引用杰文斯举的例子，"昨天你买了什么，今天就吃什么。昨天你买了生肉。因此，你今天就吃生肉。"需要注意的一点是，如果你在吃肉之前把肉煮熟，那么你就会使这个三段论的结论变得不真实。这个谬误在于包含了生肉的"生"这个字，而这是肉的一种偶然性质。

第二种谬误叫作逆偶然性谬误，与偶然性谬误非常相似，所以不需要再做解释。

第三种谬误是不相干结论谬误。如果一个人被指控犯罪，这时候说还有很多更恶劣的罪犯仍然逍遥法外是完全文不对题的。法庭上的争议是：“这个人是否有罪？”而关于更恶劣的罪犯的结论就是不相干结论。

第四种谬误是窃取论题谬误。“一个移动的物体要么在它所在的地方移动，要么在它不在的地方移动。一个物体不能在它不在的地方，而如果它移动，那么它就不能在它在的地方。因此，它根本不能移动。”这是窃取论题谬误的一个典型例子，是如此复杂和混乱，所以必须结束所有这样的谬误。

第五种谬误是不当结论谬误。“人终有一死。苏格拉底是一个人。因此，苏格拉底不能活到很老。”很明显，这个结论根本不是由前面的陈述推导而来的。

我不打算用另外两个谬误来困扰你。我有一种很强烈的内疚感，因为我已经给你们灌输了相当多的专业术语。然而，之所以提这么多的专业术语，我是有理由的。你可能每天都会听到许多我已经描述过的三段论的结论和各种谬误的例子。仅凭这一点，去了解什么是谬误似乎就是值得的，不管你是否想去质疑别人结论中的谬误，了解什么是谬误至少可以避免它们出现在你自己的结论中。

就像任何一种艺术一样，进行推理的自信心在某种程度上来源于你知道自己已经避免了错误。然而，如果你不知道什么是错误，那么你就不可能知道自己是已经犯了错误还是避免了错误。因此，通过死记硬背来学习推理中的典型错误是正当合理的。

你还应该掌握一些关于三段论的基本知识。三段论有时候被称为“间接推理”，或者是借助一个共同的或中间词项的推理。“间接推理”这个名称的意义在于帮助你区分三段论推理和直接推理。在直接推理中，当一个命题陈述完毕时，你可以立刻推断出结论，作为第二个命题。例如，第一个命题是，“没有人永生不死”；第二个命题就是“人终有一死。”不要因为第二个命题似乎只是语言表达上不太一样，或者只是第一个命题的转化而感到困惑。这个例子足以作为一个直接推理的典型例子，而你只需要牢记并不是所有的直接推理都运用这种语言表达的技巧。另一方面，在间接推理或者三段论中，你是通过用一个中项来比较两种事物从而推导出你的结论。这就是为什么我们开始解释三段论的时候引用了与同一个事物等同的事物互相之间也是等同的这一数学定理。

三段论有很多种式。你可以画一个包含不同种类命题的表格，这些式简单明了地列举了你通过推理可以得到的所有组合。你应该记得三段论是由三个命题或断言组成的。这三个命题中的每一个都有可能是肯定的、否定的、一般的或者特殊的。这就产生了64种由不同可能性组合的三段论，其取决于三段论三个命题中的每一个分别属于四种类型中的哪一种。在这64种可能的组合中，经过研究之后，有53种被逻辑学家排除了，因为这些组合要么是无效的，要么是被他们文雅地称为“不雅的”，这样就留下了11个所谓的有效式。即使在这一点上，逻辑学家的意见也不一致，因为有些人坚持主张还有更多的有效式。然而，无论你最终拥护11个有效式的学派，还是16个有效式的学派，或者另外一些学派，都不是什么太重要的事情。不必为此担心。

三段论不仅有与命题的类型有关的各种式，而且还有各种格。这些格描述了命题中的词项的位置。在结论中作为谓项的词项叫作大项。因此，在我们关于苏格拉底的那个三段论中，“终有一死”就是大项。大项在第一前提，也就是大前提中既可以是主项，也可以是谓项。另外，结论中的小项在中前提中同样既可以是主项，也可以是谓项。

这些进一步的区分使三段论产生了进一步变化的可能性，根据大多数逻辑学家的观点，有效且有用的三段论的组合总共可能有19种。也就是说，通过将4种可能的格应用于最初那11个有效的式上面，就产生了19种有用的组合。两千多年来，所有被公认的推理都是以这19种可能的组合为基础的。

现在熟记解释这19种三段论的公式对你来说没有什么好处。然而，去了解它们的存在，并且明白假如将来有一天你真想去研究它们的时候，你可以在课本上找到，我认为这应该对你有所帮助。

关于形式逻辑，至少还有一个章节的内容是你应该掌握的，那就是有关分类这一十分重要的主题。逻辑学有时候被定义为分类理论，这样的定义会让你清楚地了解到，分类这一主题在逻辑学中占据主导地位是理所当然的。分类不外乎根据事物的相似性或者同一性对事物进行整理，或者说归纳对事物的概念。继续引用杰文斯的话："每一个分类都应该由在某些特定性质上完全相似的对象构成，而且在分类的定义中已经陈述了这些特定性质。"约翰·斯图亚特·密尔是英国一位重要的思想家，我们今天有关归纳法的理论很大程度上要归功于他以及培根和黑格尔，他用这种方式表达了有关分类的观点："分类是一个使我们头脑中对事物的概念得到最佳整理的发明；分类会使我们在最大程度上掌握早期获得的知识并最直接地引导我们获得更多的知识，我们头脑中对事物的概念便以这样一种方式在彼此之间共有或者继承。"就这些目的而言，有关分类的普遍问题可以这样来陈述：要规定事物应该被归在什么样的分类之中，而且要规定那些分类是什么样的次序，这些规定必须在最大程度上有助于记忆并且有助于确定其规律。这些对分类的本质的分析使我们获得了三个处理问题的很好用的定律。

我之前已经在这本书中强调过，而且是作为最为重要的一个观点强调的。这一观点与一个人的智商在人生不同阶段中可能会发生变化有关。下面我来告诉你关于分类和划分的这三个很好用的规则，同时我还要补充很重要的一点，那就是这些规则并不是我提出的。认真地牢记这些规则，它们对你非常有用。

这三条规则是这样的：在对任何对象进行分类以及划分为多个组成部分的过程中，

1.作为组成部分的种必须互相排斥；

2.加入到某一个属时，作为组成部分的种必须是平等的；

3.进行划分时必须建立在同一原则之上。

现在我来解释。如果你正在概述某个对象，第一条规则是任何一个条目在概述中都不能出现两次；它只能出现在一个地方，而你必须找到这个合适的地方。第二条规则是无论你要分类的对象是什么，当你完成分类的时候，一定不能有任何不当的空缺。你所要概述的对象的每一个部分都必须在概述中占有一席之地，而且当你完成概述的时候，整个概述必须包括你所认为的该对象的全部内容。第三条规则，最重要的是不要犯下所有糟糕的概述最常见的错误——那就是完成了一半概述的时候，你发现其不符合前面两条规则的要求，但是仍然要对余下的部分进行分类，所以你改变概述的原则来让你能够以某种方式将余下的部分强塞进去，然而你这样强塞进去完全没有任何意义，这实在是一种拙劣的解决方案。

让我来举例说明。你正要根据感知方式来对艺术进行分类，你写的概述的开头是这样的：

第一部分——视觉艺术：绘画、蚀刻画、拓印画、版画等等。

第二部分——听觉艺术：例如演唱会、器乐演奏等等。

然后你开始考虑戏剧，但是你无法决定戏剧是属于第一部分还是第二部分，因为戏剧的感知方式既包括视觉又包括听觉。因此，我希望你的概述到此为止，不要继续写了。

第三部分——戏剧。如果这么分类，你或许就是为数众多的那一种人——对连贯思维一窍不通，连贯思维的首要特征就是知道如何写概述。

关于概述的这个问题是先于三段论的。如果一个人对好概述和坏概述之间的区别以及是什么导致概述的好坏连一个模糊的概念都没有，那么他甚至无法好好展开思考。在商业领域中，我不知道见过多少聪明又充满善意的人提交的毫无价值的报告，而他们唯一的错误就是完全没有理解写概述的原则。他们对写概述的那三条规则一无所知，因此他们写了一个糟糕的概述，然后在此基础上写了一个糟糕的报告，这是非常自然的事情。他们完全没有这方面的知识，不知道如何将一个对象进行分类，因此他们对这个对象的描述必然是没有任何用处的。我知道一些非常聪明的人也做过这样的事情，并且做过不止一次，而是很多次。

正是为了试图让你们避免犯这个完全不必要的错误，所以我如此详尽地阐述了关于分类、划分和概述的要点。要将写概述的三条规则牢记在心。如果你一定要在思考上犯错误，那也只能因为遭遇难题去犯某些错误，而不能犯因为不知道那三个小儿科级别的简单规则所导致的幼稚的错误。请注意——我必须凭良心来不断重复这一点——知道并理解这三条规则，这本身并不能保证你写的所有概述都会是完美的典范，而是只能帮助你写出好的概述。严格遵守这些规则，如果再加上你的聪明才智和一些相关知识，这样就会使你写的概述清晰而卓越。如果没有这些规则，用中世纪诗人的诗句来说，“汝须弃绝希望。”

第三种工具：语义学

亚里士多德这样说道：“口语词汇是精神体验的符号，而书面语词汇是口语的符号。正如每个人的笔迹不尽相同一样，每个人的特殊需求也不尽相同。但是人们都可以直接用这些符号来表示精神体验，同样也可以用图像来表示体验。”

我说亚里士多德认识到语义问题的本质时，所指的就是上面这一段话。“语义”（semantic）这个词直接来源于希腊语中“semainein”这个词，意思是表示。语义学是一门关于含义或者意义的学科。理解这门学科对良好地思考来说是不可或缺的。有人曾经说过这样一段话，我认为是不无道理的：“如果没有语言的存在，那么思考也不会存在。”这里所说的“思考”是这个词的一般意义，也是我们通常表达的意义。

当你使用词语的时候，你的状况和一个身处陌生国度的旅行者很类似。这个陌生的国度有它自己的交易媒介。如果不熟悉这里作为交易媒介的钱币，你就很有可能被误导，也很有可能被欺骗。为了使你在花钱时能享有一个公平的机会，买到物有所值的商品，你必须认识那些不同的钱币，并且知道它们代表的价值。在这种情况下，有一点需要特别注意，那就是如果你认识那些不同的钱币，并且知道它们代表的价值，并不等于你完全确定自己买到的东西物有所值，但如果你不清楚这些，那么几乎可以确定你买到的东西不会物有所值。

正如你所知道的那样，钱币是一种符号。它们代表实际商品一定的价值——例如面包、鞋子、房子等等。你永远也不会错误地认为钱币就是它们所代表的东西。即使是视力最差的人也不会把一枚5美元的金币错当成一双鞋。但是在人类交流领域中，当使用的符号是词语而不是钱币时，人们很多时候都会犯转移的错误；也就是说，会错误地认为符号实际上就是它们所代表的事物。在交流领域中，我们必须使用符号——使用语言学意义上的语言符号——因为我们所生活的现实世界没有一个通用的思考方式，因此必须用通用的符号来交流，上面所说的转移的错误只是我们必须使用符号来交流这一事实所导致的许多混乱的情况之一。

从亚里士多德开始，很多人都认识到了这些真理，也有少数几个人写过关于这些真理的文章。但是据我所知，直到出现了一位天才，这些真理才被充分地记录下来。这位天才是一位波兰数学家，他的名字叫柯日布斯基。让我再说一遍，他是一位天才。“天才”这个词在语言学方面就像是一枚因为使用次数太多而被磨掉了成色的硬币，因此这个词应该谨慎使用。在世界历史上出现的天才并不是很多，而且在历史上任何一个特定的时间点，这个人数都会极大程度地锐减，以确保这个特殊阶层成员的一种庄严的寂寞。

我已经说过柯日布斯基是一位天才。如果你是一位普通读者，我最初也是这么定位自己的，你必定会暂时相信我的这个说法。如果你的暂时相信只是很短的一段时间，这正是我所希望的，也很容易实现，只要你能运用思考的工具使自己达到能够阅读和理解柯日布斯基的著作并且自己去衡量他的程度。如果你长期无法达到这样的程度，那么你就长期无法获得那些益处。

这让我想起了一个题外话，和我在商业中慢慢学会的一个道理有关。自从开始经商以来，我和很多人一样，一直对估量其他企业这个大型商业游戏很感兴趣。我非常希望自己能够断定某些公司大体上是好还是坏。这并不是为了去买入或者抛售它们的股票，当然买卖股票是个同等有趣而又与此不同的游戏。我估量其他公司是为了从它们那里学到一些对我自己公司有好处的东西。

任何一个对资产负债表和营业损益表有模糊认识的人都能以此为依据，得出一个关于某个公司在某个特定时期是否盈利以及这个时期的盈利与公司其他经营阶段之间关系的总体看法。从同样有限的证据中，他也能根据对资产与负债的关系、营业盈余的金额以及营运资金的规模等等这样一些项目的常规解释，推断出公司未来在一个有限的时间段内是会一帆风顺还是举步维艰。但是正如所有仔细查看资产负债表的人都知道的那样，这些冷冰冰的数据并没有揭示出一个公司的处境或者前景真正的内在本质。我们想了解关于这个公司的其他一些情况——它的市场有多大；这个市场是在扩大还是在萎缩；这个公司已经抢占了多大比例的潜在市场；那些竞争对手的情况如何；这个公司是否有一个经营能力强的团队；工作方法是否高效等等这些问题，只要有人有耐心去写，另一个人有耐心去看，问题清单可以很长。

你会从这一长串问题中得到一些答案，我想要表达的重点是关于评估这些答案的方法。很显然，你将得到各种各样的答案：有利的答案、无关紧要的答案以及对公司未来前景不利的答案。我发现，很多（但不是所有）企业管理专家、喜欢揣测未来的人、股票经纪人以及各行各业的跟风者都有一个习惯，他们评判公司的时候纯粹只看它们在哪些方面有问题，根本不看它们在哪些方面做得好。这一点正是我想要表达的重点和真正核心所在。我认为，通常来说，各种各样的企业或者任何类型的企业都应该被与上面所说的完全相反的方式来评判。真正的核心问题不在于它们在哪些方面有问题，而在于它们在哪些方面做得好。

我发现一些公司存在问题，你同样也发现不少公司存在问题，如果你静下来好好想想，它们存在这么多问题，就像一艘千疮百孔的破船一样，你无论如何也弄不明白这些公司是如何使这样一艘破船继续浮在水面上的，照理说哪怕每天24小时不停地抽水也不行。船上有些破洞不仅很大，而且在吃水线以下。但是奇怪的是，这些公司不仅有人手也不缺水泵，而且还能让船继续浮在水面上，甚至还一路航行抵达了目的地。因此我得出的结论是，核心问题不在于一个公司在哪些方面有问题，而在于这个公司在哪些方面做得好。刚刚简短地讨论了这些，我的推理尽管并不像欧几里得的几何证明那样足够严谨而让人信服，但是我相信我可以通过详细论述来让我的结论变得正当合理。眼下我并不是坚决要证明这个命题，而是要强调一个观点。

这个观点就是，一个企业健康与否更多时候取决于对其资产的正确评估，而不是完全只考虑这个企业的负债。当然，如果其负债达到了压倒性的规模，这个企业就会破产倒闭，但是压倒性的负债通常很快就会暴露无遗，不可能长期愚弄整个世界。

在我看来，我所说的关于公司的看法似乎更符合理论。保守是人类的天性，对于任何一个新理论而言，人类本能的第一反应就是找出这个新理论哪里有问题。要是作为第二步，这样做是有必要而且可取的。但作为第一步，这样做往往容易让自己看来像聪明的笨蛋，或者像在诡辩，又或者似乎在采取鸵鸟政策。

柯日布斯基伯爵已经跨过了其中一些跟风者和诡辩者目光短浅的视野。这些人审视他的时候“好像用玻璃假眼去看一样模糊不清”。他们长篇大论地谈论他的缺点，但是毫无说服力。他们没有看到他的优点，因此难以理解，也没有将他的优点记录下来。他写了一本书——《科学和理智》。这是一本极好的书，但是他使用的英语让人非常不满意。他向我保证他是用英语写的。我已经强烈要求他把这本书转换成普通英语，删改掉原文中一半以上的语句。我继续期待着这本书。与此同时我必须指出，要是这本书不能转换成普通英语是我们的损失，而不是他的损失。

柯日布斯基的基本论点是：词语不是它们所代表的东西。因为各种各样的原因，人们生活中的一部分甚至整个生活都是根据词语而不是根据现实来度过的，而人们要么是不知道，要么就是忽略了这一点。他这么说道，词语是抽象的，不仅不是它们所代表的东西，而且所有词语都不可避免地省略掉了它们所代表的东西的某些特征。此外，词语代表不同程度的抽象——他称为“高阶抽象”和“低阶抽象”。例如，你有一只狗叫菲多，那么“菲多”就是一阶抽象，这个词代表你的狗。“狗”是一个二阶抽象，不仅代表你的狗，也代表所有的狗。另外，“狗”这个词的内涵所包含狗这个种类动物的特征比“菲多”这个词要少，“菲多”这个词的内涵所包含的特征是你的那条特定的猎犬。继续讲抽象的序列，“动物”是一个三阶抽象，这个词比“狗”省略掉了更多细节，而“狗”依次地比“菲多”省略掉了更多细节。然后你可以继续这样思考，直到延伸至真正的高阶抽象，例如“真理”“正义”和“智慧”。

词语还有一些其他会误导我们的特性。按照柯日布斯基的说法，词语具有多序性。顺便提一句，这个说法出自于亚里士多德，他以单义性和多义性对词语进行了分类。毫无疑问，词语功能的多序性或者多义性必定会导致误解和错误。

词语、命题和论证也被用来构建我们之前所描述的科学虚构。柯日布斯基将词语的用法形容为要素主义，而且他将科学虚构这一主题的要素主义观和他所谓的结构主义观进行了对比。他非常有效地证明了一个论点，那就是这些虚构可能是有害的，也可能是有益的，而且它们并不是始终在有意识的情况下被使用的。这一点也可以追溯到亚里士多德。

我一直提及亚里士多德，他如同知识的源泉。我这样做的原因并不是我对于他没有得到在任何情况下都当之无愧的荣誉而感到心中不安，而是我认为对我们来说最重要的是要牢记，《科学和理智》这本著作中也采用了很多起源可以追溯到古希腊时代的基本概念。我再次提醒你，如果一个人愿意去了解一些早期伟大的思想家的著作，那么他就能够避免浪费大量的时间，还能够避免很多错误。柯日布斯基为了准备写《科学和理智》这本书进行了多得让人难以置信的研究和阅读。他仔细研读了亚里士多德的著作，但如果真正读懂了亚里士多德，那他就不会把《科学和理智》这本书描述成一个非亚里士多德系统了；其中一个原因是他应该会发现自己在这本书中阐释的主要论点有很多都是对亚里士多德的认同。

之前我还提到过另外一本关于语义学的书，是奥格登和理查兹合著的《意义的意义》。这本书与我刚才描述的那本伟大的著作《科学和理智》相比，无论如何都是次要的，我甚至都不打算简述书中的内容，但是我将引用这本书中一个巧妙的示意图。

作者展示了一个没有底边的三角形。他们在这个三角形右边的顶点处写上了“指示对象”这个词。在三角形顶端写的是“思想或参考”，在左边的顶点处写的是“符号”。他们在这个示意图中所表达的不仅是符号不是它所代表的东西这一事实，还表达了与符号所关联的是某种想象，而这种想象才和符号所代表的东西联系在一起。毫无疑问，他们的观点是符号和它所代表的东西在我们早先使用的语言中不是直接关联的，而是间接关联的。最初的事物，或者叫指示对象，只与思想直接联系。符号也只与思想直接联系。符号和事物之间没有直接的联系，只能通过思想作为媒介才能连接。这个图示的价值是有限的，只是以图形的方式指出了在使用一个不能完全代表指示对象的符号的过程中存在出现省略、曲解和错误的可能性。柯日布斯基为了对此进行解释使用的是触觉装置而不是图形，他这种方式让人觉得更有真实感，但遗憾的是在解释同一现象时难度更大。这个装置由一块木头组成，上面挂着一些松松垮垮的绳子。柯日布斯基将它称为“结构差动装置”。他用这个装置在课堂上演示高阶抽象和低阶抽象。这个装置不同的高度上挂着那些松垮的绳子，表示当一个词或者符号被用来代表一个指示对象时，丢失掉那些对象原有的特征。绳子位置的高低表示抽象程度的高低。柯日布斯基指出，从他的观察来看，学生们通过频繁地观察和触摸这个装置，会在脑海中对丢失和曲解在抽象的言语交流过程中是固有现象这一真实情况形成深刻印象，这是其他任何方式都无法做到的。

奥格登和理查兹在他们的书中还表达了另一个观点，我认为特别值得提出来。这个观点与词语的两种使用方式有关。他们二人称之为“表目的”和“表情绪”。他们可能应该像正确使用逻辑学术语那样，还用适当的修辞学来表达，但是我很乐意承认他们选择的词语更能说明他们的意思，而且似乎在某种程度上比经典术语更完整地表达了他们想要表达的内涵。奥格登和理查兹煞费苦心地说明以表达情绪的方式使用词语在真正可靠的分析中是不恰当的，而且往往会遮掩问题。他们还表明，词汇学需要两种不同的研究方法——由于词语有两种使用方式，因此需要用两种方法研究。在我看来，他们的这个概念和术语一样，都很有用。

语义学，简而言之，就是我们只用词语交谈，主要用词语思考。词语本身就像是不足以承载船舱里装的货物的货船一样。由于词语的功能不足，思考存在很多缺陷，这令我们感到痛苦。我们陷入了一些无聊的争论，而在这些争论中，参加争论的人最终都意识到他们谈论的是词语而不是事物本身，而且如果只去定义词语，那么就会发现他们的意见其实是一致的，并没有分歧。

柯日布斯基还有一个能够节省时间的深刻理解。他呼吁我们要注意这样一个事实，定义术语固然很好，但是不要在任何情况下都带着强烈的学术色彩。他的这个见解是正确的，如果两个正在交谈的人在不能将词语的定义提升到言语层面的情况下，他们相当确信仍然要将实质上相同的值附加到正在考虑中的词语或者符号上，这才是我们真正所需要的。他们有一个令人满意的共同理解的基础，并应该停留在这个基础上，而不是在舞文弄墨的啰唆过程中变成一个令人绝望的语言纯正癖者，来努力达到韦伯斯特满意的那种定义。

我发现柯日布斯基的作品中有一个部分很有趣，但我认为现在讨论这一部分实在是为时尚早。他将这个部分称为“否定推理系统”。这个系统完全基于下面这个理论，“是”这个系动词在形式逻辑上造成了巨大的技术困难。柯日布斯基提醒我们这些困难从性质上来说是语义性的，而且通过尽可能地使用“不是”来代替“是”应该就能避开这些困难。举个例子，如果你很熟悉马这个物种的外表，这时你生平第一次见到了驴，后来你向朋友描述这段经历时，你可能想对你所见到的这个奇怪的动物下一个断言。柯日布斯基认为，你可以百分之百断言你看见了一种动物，不是一匹马。由此，他建立了根据否定命题来建立论证的构想。就我个人而言，我倾向于怀疑这个系统是否会发展成一个近乎完备的系统，而足以成为一种新的思考工具。目前可以暂时肯定的是，无论如何它还在酝酿中，尚未完全成形。我的猜测是这个系统最终会成为一个对某些特殊类型的命题有用的归纳，但仅此而已。

第四种工具：唯意志论逻辑

很久以前，有一个叫赫拉克利特的希腊人认识到了一些语义困难所产生的不确定性。从那以后，人们时常会找到一些理由以某种方式来批评形式逻辑的局限性，以及在形式逻辑和现实生活之间建立有益联系存在的困难。席勒教授是这一批评正统学派主要的现代倡导者之一。在席勒教授所著的《形式逻辑学》一书的序言中，他这样说道："两千多年来，形式逻辑一直是学术教学的一个固定主题。它已经被设立，并且拥有从全人类最有能力且智力最敏锐的人之中挑选出来的大批正式的拥护者。此外，形式逻辑的主题非但不是深奥难懂的，反而每一个理性的人应该都很熟悉。它宣称要研究一项每个人日常都要进行的活动，也就是思考，还要诠释我们应该如何去思考。因此人们也许会认为，这一项研究对逻辑学的主题进行了详尽地探究，每一个技术性的修饰都被补充进去了，而且每一个有关逻辑学的问题都被毫无疑问地解决了。然而结果绝非如此，那么我们得到了什么？我们得到的不仅是普通的人类思考继续对逻辑缺乏尊重，而且逻辑学家之间也仍然存在着巨大的分歧……正如大多数教授形式逻辑学的教师一样，我也发现这是一门教授起来很难不失去自尊的学科。忽略用传统学说来引导诚实思考所带来的真正困难，掩饰宣称这是一门形式一致性的逻辑学所暴露出的大量不一致性，武断地拒绝回答那些超出逻辑学范畴而延伸到形而上学或者心理学领域的问题，以及用完全不合逻辑的方式在合乎逻辑与超出逻辑之间划清界限，这样的一些事情似乎经常都是很有必要去做的。我相信所有的逻辑学家都或多或少地遭遇到了这些困难，也发现了用形式逻辑自身的武器去攻击和责难它是最容易的。”

这是一种强效药，来自一位很厉害的药品推销员。他是一位公认的经验丰富的学者，也是一位经验丰富的导师，而且更重要的是他不仅是一位逻辑学家，还是一位哲学家。为了帮助你来定位他，我告诉你他的哲学谱系师承威廉·詹姆斯，他的逻辑学思想的影响力也许可以比肩约翰·杜威。他就是约翰·克里斯托弗·弗里德里希·冯·席勒。接下来，我将简要介绍席勒教授理论中的要点，而且我还会指出我认为其中哪一部分是对的，哪一部分是错的。既然每个人都可以发现错误，那么你也很可能在我评论席勒教授错误的内容里发现一些我的错误。这是我必须面对的风险，同时这也是做判断要面对的风险之一。

在席勒所著的《形式逻辑学》一书中，他声称已经能够“推翻形式逻辑这种伪科学，并揭露出它是一个何等不一致、毫无价值而且没有任何意义的结构”。席勒声称，他不仅能够做到这一点，而且还能够“从形式上和辩证法上证明否定形式逻辑的论点”，为此他写了一本400多页的书。然后他又写了第二本书，名为《实用逻辑学》，副标题是“关于唯意志论主义认识论的介绍”。在第二本书的序言中，席勒说道：“在我的《形式逻辑学》一书中，我通过挑战作为传统逻辑学构建基础的基本抽象概念——意义的抽象，来对传统逻辑学进行激进地批判。就之前对形式逻辑的毁灭性批判而言，这本书旨在成为有建设性的续篇。”

这两部作品共同对逻辑学理论做出了最有价值的贡献。然而，在我看来，它们无论如何都不是对形式逻辑的驳斥，甚至与形式逻辑之间不存在冲突，只不过是一种对形式逻辑用途的扩充，其方式是在一个明确的基础上将两个影响形式逻辑使用的因素恰当地包含在内，其中一个因素是语义学，另一个是概率论。我们已经对语义学进行了一些论述。现在我们应该关注一下概率论。

概率论的主题和研究概率论所带来的问题都是最深奥而且最困难的。数学家们花了毕生的时间来探究它的秘密。我们对这本书的实际需求是看看我们是否能从数学家和哲学家的大量著作中提炼出一些关于概率论的简单见解，而这些见解不需要经过详细地研究就能应用到日常生活和思考之中。你要知道，实际上我们做的每一件事情都是基于概率而不是确定性，尽管这是生活中不可避免的状况，为什么很少有人能聪明地回答出什么是概率这个问题，这是一件很奇怪的事情。

我们应该停下来思考一下这个问题。在前文中，我们提到过，很多人都在进行有关高风险的思考，然而他们却不能说出思考的工具。我们还进一步指出，也有相当多的人很随意地来回传递着用思考铸造的货币，也就是词语，而这些人对货币的价值或者它们所代表的东西没有明确的概念。我们将会在这本书中的另一个章节指出，分类最为重要的技巧对于很多人来说还是一个未知的谜，而且我所说的未知的谜不是指未解之谜，而是这个谜根本不可能被解开，因为我们甚至都不知道有这样一个谜存在。

现在我们要指出的是人们根本不知道概率是什么，然而人们的生死存亡都遵循着基于概率而做出的决定。在这本书的一开始我就表明有一些关于思考的知识是需要学习的——这些知识可以使普通人迈向更好地思考——我不得不承认当时我对这件事的陈述太过轻描淡写。对此我必须说清楚，在这本书中到目前为止我们都认为人们大都不顾安危地生活着，而且人们努力去熟悉思考的基本规则与其说是一种自我改进的措施，倒不如说是病人要服用药物，因为熟悉思考的基本规则就是治疗一种危及生命的疾病所需的那种药。如果我没有明确表达出我坚信有太多的人患有糟糕地思考这种疾病，那么这本书就毫无意义了。我认为现在又是一个正式提出我的认识的恰当时机。我的认识是，我和其他所有人一样，长期以来都遭受着糟糕地思考这种疾病的折磨，而且我想我自己现在充其量也只是在恢复健康——而不是已经治愈。

我们回到那个问题：什么是概率？如果你愿意相信我的话，概率就是一个特定命题的可信性程度。就是这寥寥几个字而已，绝对再无其他。我也尝试过给你一个严格的定义，但是我希望通过进一步讨论来排除任何产生误解的可能性。据我所知，大多数人认为概率与事件发生或者不发生的可能性有关。我要重申一点，概率与此绝无任何关系。我所知道解释清楚这一点的最好的方法之一就是引用过去的事件来举例，让我们从历史领域中寻找事例。当尤利乌斯·恺撒被一群元老院议员刺杀时，据说他被刺了26刀。现在并没有任何科学意义上的证据来证明正确的数字到底是26、27还是28。那么问题是：这三个数字之中哪一个更有可能？尤利乌斯·恺撒是在公元前44年被刺杀的。无论你现在认为他被刺了多少刀，都丝毫不会改变已经发生的事实。让我们假设恺撒事实上被刺了26刀。你选择相信是27刀不会改变这个事实。然而，如果有人要写一篇学术论文，试图证明有新发现的并且迄今为止没有被引用过的资料表明27才是正确的数字，你很可能就会相信这个研究者的话，并且从那时起就相信27才是正确的数字。然后你可能会说，“最近的一项研究表明，恺撒很可能是被刺了27刀，而不是26刀”。那么从你用的是“很可能”这个词就可以看出你所指的是可信性，而不是现实性。你说的意思是，“我相信恺撒被刺了27刀，而不是26刀”。

然而出于某种奇怪的原因，当人们考虑未来而不是过去的事件时，由于未来事件的走向被认为是可变的而不是固定的，他们往往会陷入一个思考的错误，认为概率与事件实际上会不会发生有关，而没有牢记概率仅仅是指事件在未来发生的可信度而已。我一直认为，如果能正确理解可能性和可信性之间的区别，就会改变很多人思考和行动的过程。

席勒对概率的关注点则是不同的。形式逻辑，至少从它的演绎方面来说，是作为一门必要而且有效的推理科学而提出的。席勒说，这简直是荒唐可笑。在任何绝对意义上都不存在所谓必要的推理这回事。必要的推理只在某种相对意义上是必要的——也就是说，相对于说话者和他的参考系统以及听者和他的参考系统来说才是必要的，你所能得到的只有可信度的高低而已。生活和思考的绝大部分都是基于概率而不是确定性。任何一种可供使用的推理方法的思考过程系统都应该可以得出概率性的结论。也就是说，这样的结论尽管在形式意义上并不是必然的，但始终是可能的。事实上，席勒并没有像上面这句话这样精确地表达——如果他想把这一点阐述得更清楚的话，就应该会用这种精确的表达方式。

席勒坦率地承认，他至少在两个方面都欠着威廉·詹姆斯的债。席勒是一个实用主义者，而威廉·詹姆斯则是一位现代的实用主义概念的伟大倡导者。席勒也是一个多元主义者，而威廉·詹姆斯则是现代的多元主义之父。实用主义是一种态度，它隐含的意思是既然生活是有目的性的，而生活的目的就是为了更多地造福全人类，那么除非哲学能真正教会人们在生活中如何更好地为他们自己谋福利，否则哲学就是一门空洞的学问。实用主义提倡实用性，会这样来检验一个理论：这个理论有效吗？多元主义承认实现某一目标存在多种方法，并且认为生活中最重要的与其说是找到正确的方法，不如说是找到任何可行的方法。多元主义实际上承认不同的方法在不同的时间对不同的人有帮助。

这些毫无疑问都是实用的思想，席勒作为一个务实的人喜欢这些思想，也使用这些思想，并且通过勾勒出实用主义逻辑和多元主义逻辑的轮廓而大有裨益地扩大了逻辑学的范围。然而不管他喜不喜欢，实用主义逻辑和多元主义逻辑仍然脱胎于他自己极力反对的陈旧的形式逻辑。席勒在他所著的《实用逻辑学》一书中大约用了450页的篇幅阐述了这些思想。

我感到自己对某个理论或者某一本书的简略概述无法充分代表原作的全部意义，但是我已经非常认真地向你阐释了一些实例。因此我可以毫无压力地告诉你在概述唯意志论逻辑上，我想我已经帮你从这一理论创始人的著作中省略了850页的内容，还有他的先驱者和与其思想类似的同时代作者著作中更多的内容，不过帮你省略的只是旁枝末节的内容。我认为席勒的这两本书都值得一读，而威廉·詹姆斯的著作毫无疑问在我心中更是非读不可的。但是，如果你现在只想要了解席勒的逻辑学中的精华部分，我想如果我没有在阐述中犯什么严重错误的话，我已经都告诉你了。

第五种工具：符号逻辑

想要理解符号逻辑过程的意义，你必须理解逻辑学和数学之间的关系。数学是逻辑学的一种特殊形式，逻辑学是具有一般性和广泛性的推理科学，数学则是逻辑学的一个分支，它不是用一般语言而是用特殊符号来进行运算，而且从某种程度上来说数学还有自己的特殊技巧。在代数学中，X、Y、Z是用来代表未知数的常见符号。例如X^2、X^3、X^n这样的形式，是用来表示多个X相乘的概念。像+（加）、-（减）、×（乘）、÷（除）这样的运算符号所代表的概念需要用很多词语来描述。因此，你可以看出数学是一种蕴含智慧的速记法。如果你想认真思考一下体现这个速记法价值的明显例子，可以仔细想想用书面语来表达长除法过程所代表的运算的难度。非常明显，如果不使用数学符号，用一个很大的数字除以另一个很大的数字的工作量几乎是令人望而生畏的。

普通的、传统的数学已经发展出了某些逻辑过程，这些逻辑过程特别切合数学的主题，这是最具价值的创新。符号逻辑学家提出过这样的理论，如果这些数学符号和学科适当地应用于逻辑学所包含的所有形式问题以及很多试图解决的逻辑问题，就会取得以前更传统并且更正统地开发数学这门学科所取得的惊人的进展一样的成果。这个想法有可能会开花结果，但是在我看来这仍然是完全不可预测的事情。在符号逻辑中，你消除了某些语义困难，但是又引发了一些别的困难。你使用的是一种特殊的语言，它有自己的特殊价值，但是对于智力水平一般的人来说，甚至智力在一般水平以上的人来说，这种特殊的语言也存在巨大的障碍。

和其他一些系统一样，符号逻辑有着悠久的历史。我猜想，从某种程度上来说，亚里士多德可以说就是一个符号逻辑学家，尽管我认为这种说法多少带有一点误导。然而，他在研究某些学科时确实使用了一些数学证明和相关方法。从亚里士多德的时代直到今天，还有很多思想家也做过同样的事情。这些人之中没有一个人被真正恰当地说成是一个符号逻辑学家的原因是，你认为真正的符号逻辑学家不会仅仅用数学来解决问题或者证明一个论点。他会用数学来构造一整套包含了所有其他系统的完整的、内部统一的逻辑系统。就我所知，第一个这样做的数学家是乔治·布尔。在1847年至1854年之间，他发表了四部关于这个课题的著作，其中最重要的一部是《思维规律的研究》。他在这部著作中的开场白是这样的："下列论述的目的是研究那些进行推理的思维活动的基本规律；用微积分学的符号语言来进行表达，在此基础上构建其逻辑方法并建立逻辑科学；使这种逻辑方法成为应用数学概率原理一般方法的基础；最后，从这些研究过程中搜集各种元素所表现出的一些可能是关于人类思维本质和构造的暗示。"

我估计你会同意，这绝不是一个没有雄心壮志的平庸计划。在我看来，这个计划的实施具备高度的内在一致性和技巧。然而我必须承认，我认为根据《思维规律的研究》这部作品所做的研究，我会发现某些既新颖又实用的思考方法，但是我一直没有在书中找到任何这样的思考方法。新颖的方法似乎没有用，而实用的方法似乎又谈不上新颖。

乔治·布尔的追随者在1894年出版了一本名为《符号逻辑学》的书，作者是约翰·维恩。他用一种最费时费力的学术方法扩展了乔治·布尔的某些概念，但在我看来，他并没有在任何方面克服我刚才所说的在读完乔治·布尔的作品之后体验到的那种缺陷。

然后在20世纪，伯特兰·罗素和阿尔弗雷德·怀特海二人创作了《数学原理》这样一部非常出色而令人印象深刻的著作。这两位绅士还花了大量的时间和精力，构建了一个基于他们自己的而不是之前已有的符号系统的整套符号逻辑系统。在此之前，伯特兰·罗素还写了另一本名为《数学原则》的书，其中陈述了一个更简单的理论，这本书是上面说的《数学原理》这部不朽著作的前身。要学会《数学原理》这部著作中的语言将花费你相当长的时间，而要把它读完会花费你更长的时间。我不知道你读完第一遍之后将会有什么收获。如果你的反应和我差不多的话，我估计你既会感受到一种对完成这样一本不朽著作的智力的高度崇拜，同时还会感受到一种相当坚定的信念，那就是没有任何物质上的帮助可以使你提高个人的思考艺术，但是我知道这样的估计作为一种称赞是远远不够的。

《数学原理》是人类思想的伟大成就。它把所有的精神活动归纳为几个屈指可数的原始过程，但我仍然不得不承认，当我真正认识到这一事实的时候，我对此束手无策，只是作为一个实用主义者感觉有点上当受骗而已。这就好像你要求用一张10美元的钞票兑换价值10美元的银币，而银行出纳员却给了你10张1美元的钞票，都是崭新的。这些钞票完美极了。事实上，你也完全没有上当受骗，但是你想要的是银币。

考虑到所有这一切，你可能会感到疑惑，我究竟为什么要把符号逻辑算作一种思考的工具。我这么做首先是为了给自己一个机会来解释逻辑学和数学之间的密切关系，并且提醒你不需要成为一个符号逻辑学家，你就能回忆起某些类型的问题的最好的解决方法是使用某种数学技巧，并据此开始行动。

我把符号逻辑算作一种思考的工具的第二个原因是，通常来说，即使一些能熟练应用符号逻辑的实践者在思考艺术和科学领域确实做出某个出乎意料的重要发现的可能性不大，但我仍然认为这是有可能的。

我的最后一个原因是，在试图描述整个思考活动时，我很难放弃略微展示一下对符号逻辑的好奇心，因为它是极其不同寻常而且独一无二的。如果你想知道这个学科能引起多么强烈的好奇心，我可能会告诉你我们之前提到的乔治·布尔（让我们明确一点，尽管乔治·布尔对一般逻辑学艺术做出的贡献似乎很值得怀疑，但是他对数学学科做出的贡献确实是意义非凡的。）所创立和使用的实际上是一种叫作“思考机器”的机械装置。他把不同类型的基本命题和它们之间可能存在的联系简化成了一套符号，然后把这些符号输入一台精心制作的机器，非常类似于现代的机械控制面板，由手柄、活塞和杠杆组成。如果你想知道一个A类型的命题和B类型的命题是否可以合理地推导出一个C类型的命题的结论，你需要做的就是按一些按钮，然后拉一些杠杆，剩下的事情都由机器来完成。实际上，乔治·布尔所希望的是推广这种机器，以消除许多由错误思考而引发的人类思维的弊病。

第六种工具：连续统一体

鲍里斯·博戈斯洛夫斯基所著的《辩论技巧》其中有一部分内容是我所知道的关于连续统一体应用于实用性思考最切合实际的解释。这本书还有一个副标题是“动态逻辑学原理”。我想我现在几乎可以听见你的强烈抗议了，一个人必须学会多少门逻辑学才能学会更好地思考？然而，在这本书一开始我就提醒过你，现代逻辑学在某种程度上处于一种毫无秩序的混乱状态，每一个所谓的逻辑学派的领袖都声称自己的逻辑学不仅是最好的，而且是唯一合理的。

我在本书开头就说过，如果你能耐心听我讲，我保证做好两件事情。第一，我将尽可能降低这本书的学术性；第二，列出那些不同的系统之后，我还会尽力为你提供一种切实可行的调和方法，使你能够根据每一种思考工具的用途来使用它们，并将它们融合成一个统一的推理论，或者融合成一种单独的思考艺术。

我想引用《辩论技巧》这本书中的第一句话：“几乎每一个对哲学、政治、教育或者任何其他所谓的不精确科学感兴趣的人，对推理的局限性和低效率都曾感到深深的失望，甚至是绝望。”这句话几乎可以说是一个希腊合唱团的一段和声：亚里士多德、柯日布斯基、席勒、布尔加上现在说到的博戈斯洛夫斯基，他们唱出的心声所表达的是认为推理的低效率和以前的系统存在不足。然而有一个奇怪的事实是，如果单独来看的话，他们之中的每一个人都是正确的。你可能会产生这样一个大胆而又合情合理的猜测，假如在公元4000年出现了另一位先驱大声唱出同样的心声，那么他应该也是正确的。

你应该记得对一个哲学命题有可能提出的四种质疑中的第四种是：“你的分析是不完整的。”我要指出的是，这种质疑可以针对任何分析，因此，这种质疑所表达的意思与其说是表明不同意见，不如说是要求进一步阐明观点。“你的分析是不完整的。”这句话永远都是对任何一个命题的有效评论。当刚才所说的亚里士多德、柯日布斯基、席勒、布尔以及博戈斯洛夫斯基这五位思想家感到需要更好的思考方法时，他们每一位唱出的心声所承载的都是对这种完整性的渴望。为什么我认为调和将会有效的秘密就在于此。我想他们真正的心声就是：“你的分析是不完整的”，但是他们通常都不会这样表达。他们似乎总是将这句话错误地表达为：“你的分析是不正确的。”他们所考虑的这些不同系统事实上并不是彼此对立的，只是在彼此全盘接纳上有问题而已。当我向你描述了连续统一体的性质和用途之后，我认为你会认识到，如果没有任何进一步的分析，系统之间几乎不存在真正的对立。

我想告诉你动态逻辑学有四个原则，用博戈斯洛夫斯基的话来说就是：

极性原则——“在严谨地思考中，每一个思维单元自身及其对立面都必须能被明确地表达出来。A必须只能作为非A的对立面。”

概念功能局部性原则——“在实际推理中，一个复杂的概念在某一特定时刻从不发挥全部功能，只发挥某一方面的局部功能。发挥哪一方面的功能取决于两个对立的概念。假设一个概念发挥的功能体现了某种以往经验，那么这个概念就是两个对立概念的其中一个极点。假设一个概念发挥的功能体现了某种现在的经验，那么这两个对立概念的两个极点与发挥功能的概念都是无关的。在有效地思考中，两个对立的概念都必须能被明确地表达出来。”

连续性原则——“动态推理的本质是在一个思维单元的两个对立的极点之间建立连续性，这将使它们在定性上保持一致。有效地思考必须以对潜在连续性的一个假设作为开始，而且以实现这一假设作为目标。”

定性指标原则——“如果没有某种定性指标，任何陈述都没有明确的意义。在有效地推理中，任何一个思维单元定性的值都必须被明确指出，最好是以两个对立概念的两个极点之间的客观联系尺度来表达。”

这种思想确实十分奇特。博戈斯洛夫斯基想表达的到底是什么？他的想法是这样的：当你想到某个实词，例如真实或者白色，那么在你将这个词用于一系列的思考之前，你应该立刻想到这个词的对立面，例如虚假和黑色。你要将白色和黑色看作是一条线上对立的两个端点，然后在这两个端点之间对白色和黑色进行渐变地修正，从浅灰到中灰，再到深灰等等，表现出白色和黑色之间的所有色度。博戈斯洛夫斯基认为，你用灰色来描述某种事物的颜色时，应该尝试用数学术语来描述这个颜色在以白色和黑色作为两个极点的那条线上的精确位置。如果这条两端是白色和黑色的线有6英寸（6英寸=15.24厘米）长，那么灰色最完美的色度就位于这条线的中点，也就是3英寸（3英寸=7.62厘米）的那个点上。

当博戈斯洛夫斯基谈到定性指标的时候，他试图让你放弃使用“灰色”这个词，代之以这种用白色和黑色作为两个极点的线上的中点表示灰色的符号。然而，不要将此与符号逻辑学混为一谈。博戈斯洛夫斯基了解符号逻辑学，但是他的系统与之完全不同，不是在程度上有差异，而是与其分属不同类别。他说关于某一个命题是真实的还是不真实的争论中会出现大量的误差。他希望通过指明争论的命题既不是真实的，也不是不真实的，来解决大多数这种争论。这类命题中都有一定比例的部分既不是真实的，也不是不真实的，而正确理解这些部分的方法就是将其作为一个命题，找出它在两个极点分别是真实的和不真实的那条线或者叫作连续统一体上面的精确位置。

博戈斯洛夫斯基认为，可以使连续统一体更加丰富，也就是说，用以测量的刻度越小，标记的刻值的数量越多，你的推理就越有说服力。简单来说，就是你用刻度为1/16英寸（1/16英寸=0.15875厘米）的尺子来测量某个东西要比用刻度为1/4英寸（1/4英寸=0.635厘米）的尺子来测量更加精确。

博戈斯洛夫斯基的这个思想虽然不是包罗万象的，但是有非常大的实用价值。我们人类正面临着一些想要解决的问题。有一种解决问题的方式是排除问题，也就是说，通过说明其根本不是一个真正的问题来解决问题。伪问题最常见的一种形式是非此即彼问题，例如我们刚刚提到的那个问题（即某一个命题是真实的，还是不真实的）。如果你能说明这个命题既不是真实的，也不是不真实的，只不过是包含某些真实的部分和不真实的部分，又如果你能进一步证明那些真实的部分和不真实的部分到底是什么，那你就完成了通过排除问题来解决问题这个过程。

在我看来，博戈斯洛夫斯基的《辩论技巧》这本书很不错。我建议你可以读一读。这本书的篇幅超过了250页。我想我已经用5页的内容向你展现了这本书的要点，但是无论如何，这都不能代替你阅读原著。在任何一个概述或者摘要中，例如我刚刚为你就博戈斯洛夫斯基的《辩论技巧》所作的简单介绍，你都会漏掉原著的一些语境、细节和作者的弦外之音。要是一本好书，这些部分都是值得一读的。

关于思考工具的附言

我们分析的第一种思考工具是直觉工具，然后我们分析了五种有意识推理的工具或者叫作系统。我非常有兴趣继续分析第七种工具，我将其称为“训练有素的直觉”。我之所以打消了这个念头，是因为我意识到，如果你到目前为止一直都在很仔细地阅读这本书，你就会批评我所说的“训练有素的直觉”这种工具，并且正确地指出这是一个错误分类的例子。

就像我之前所陈述的那样，没有人知道直觉是什么。我个人的理解是：直觉是由两种或两种以上的思维模式在潜意识层面完全交织在一起反复运行所构成的，这些思维模式我们之前在分析意识层面的五种推理系统时曾描述过。我不确定这样的直觉会如何限制一个人的思考，尽管我怀疑有一些比较笨的人，他们在意识层面和潜意识层面上的所有思考是不是只会通过类推和演绎来完成。我猜想更聪明的那一类人会加上对归纳的一些有限使用来完成思考。另外，我知道，很多确实很聪明的人无论是有意识的还是在潜意识上似乎从来没有对不同种类的谬误、语义困难以及连续统一体的存在持有怀疑态度。

因此，当我想把“训练有素的直觉”作为第七种工具时，所考虑的是只使用类推过程和演绎过程的直觉与使用所有思考工具的直觉相比简直是天渊之别，这是显而易见的事情。毫无疑问，这两种直觉不仅在使用过程上截然不同，而且在它们得出结论的想象力、多样性以及可靠性上也同样可能毫无可比性。

上面所说的第一种直觉是一切思考的源泉，第二种“训练有素的直觉”是艺术性思考的源泉。既然目前这本书旨在试图使人们学会更多的思考艺术，那么你应该很容易就能理解我的想法，我无法在没有扼要地说明“训练有素的直觉”内在优势的情况下结束对思考工具的讨论。我再次强调，我不仅要向你指明“训练有素的直觉”的存在，而且还要给你一些帮助自己获得这种直觉的提示。

你必须深入思考不同的思考工具，直到你感到它们已经深深扎根于你的头脑之中。你必须有意识地练习使用这些工具。经过很多次实践的磨炼之后，你就会逐渐发现它们正在成为思考行为中一个不可分割而且处于潜意识层面的组成部分，而不再像刚开始尝试练习这些工具时出现刻意为之、彼此脱节等状况了。

最后，在这一章结束之前我必须特别声明，我已经意识到自己列举的思考工具可能会在两个方面受到批评。当然，出现信息不完整或者信息不正确的可能性永远存在，但尽管如此我也不希望我列举的思考工具被批驳为信息不完整或者信息不正确。然而我确实期待有人批评我的分析是不正确的。正如之前所提到的，写到这一章时，我发现自己处于这样一种进退两难的困境，如果我用写给一般读者的方式来写，我就会被学者批驳得体无完肤，反之亦然。也许这只是一个假两难困境，但是我不这么认为，至少我已经解释了我选择一般读者作为目标读者的原因。请注意！我绝不是认为我的分析是不正确的。我只是以作者不恰当的方式提前驳回了我所期待的批评，我想借此机会指出，批评我的分析不正确是可以理解的，但不一定是正当合理的。我这样反驳的目的完全不是为了赢得辩论，而是为了帮助你解决在试图理解思考工具时可能出现的困惑。

针对我列举的思考工具的另一个批评由我自己来提出：分析是不完整的。如果我了解更多的思考工具，我自然会将它们包括在内，但重要的是，在没有任何关于其他工具的现有知识的情况下，这个工具列表就是开放的，所以如果你发现了更多工具，可以将它们添加并融入你自己的思考系统之中。

为了供你参考，我在本章结尾列出了清单：

思考工具

1.直觉

2.形式逻辑

3.语义学

4.唯意志论逻辑

5.符号逻辑

6.连续统一体

（7.“训练有素的直觉”——可能是第一种工具的一个分支）

第六章　更好地思考的基本规则

更好地思考的6条基本规则——1.确立最具可行性的问题优先级排序——2.陈述问题——3.将情感影响从推理过程中抽离出去——4.弄清楚是否需要更多的资料——5.观察处理问题时的一系列基本行为——6.估算可能的解决方案中的损益因素

初学高尔夫球的人在了解了球杆袋里不同球杆的名称之后，接下来就要学习所有球杆用法的基本规则，最后要学习熟练使用每种球杆的某些特殊规则。因此，一般情况下，打算提高水平的高尔夫球手必须学会始终盯着球，有节奏地挥出每一杆，而不是旋转身体然后猛击，并且一直坚持这些规范。而在特殊情况下，这些高尔夫球手会学习用五号铁头球杆挥出近穴击、在沙坑里打出爆炸式击球，以及特殊地推杆。

这是一个近乎完美的类推。在前一章中，我们通过识别并简要描述思考的艺术的工具展开了关于思考的艺术的讨论。在这一章中，我们将列举一些比较重要的纠正一般思考行为的规则，这些规则可能和高尔夫球规则中要求你始终盯着球差不多。在下一章和关于思考的艺术的最后一章中，我们将给出一些使用语义学、连续统一体和其他一些思考工具获得最佳结果的特殊规则。

更好地思考的基本规则的第一条是：立即确定最具可行性的问题的优先级排序。让我来举例说明。我们来假设一下，出于某种不同寻常的原因，你决定阅读荷马史诗《伊利亚特》的希腊语原本。你必须找到一位懂希腊语且愿意来教你的老师。如果想为你的希腊语课程付课时费，你就必须在去找这位老师之前，先得到足够的钱。在找到这位老师之后，他很可能会告诉你，在他开始给你上课之前，你手头上必须有一些关于希腊语语法、作文和词汇的课本。如果你按照指示完成了所有这些步骤，过一段时间之后，你就有能力去完成你最初的目的，也就是阅读荷马史诗《伊利亚特》的希腊语原本。但是，我们先来看看这些问题的优先级。第一个问题：钱；第二个问题：希腊语老师；第三个问题：课本；第四个问题：阅读荷马史诗《伊利亚特》的希腊语原本。面对这一系列问题，只有笨蛋才会试图通过跳过前面三个问题，直接去买一本《伊利亚特》的希腊语原本来解决这些问题。几乎每个人都知道首先必须按照优先级顺序完成前面的三个步骤，也都知道如果前面这三个步骤中有任何一个没有完成，那么最后的目标就无法实现。

如果问题的排序总是像我刚才所举例子中的那么简单，可能有很多错误就不会发生了。然而将问题进行合理地排序是世界上最难做到的事情之一，这是一个令人感到可悲的事实，但是无论怎样排序都比不排序要好，因此更好地思考的第一条规则绝对是确定最具可行性的问题的优先级排序。

各种类型的企业中都有很多失败的案例，失败的原因主要是从来没有理解这一点，即对自身所面对的问题进行合理排序绝对是很有必要的。毫不夸张地说，仅仅从商业领域中我就能给你举出几百个这样的例子。

一名采购员花费了大量时间和精力试图说服供应商降低某种商品的价格。采购员的理由是，这种商品以根据供应商卖价所制定的零售价销售的销量并不理想，因此他提出，如果供应商可以降价，零售价也会相应降低，那么销量就会增加。根据这个例子我们来假设一下，如果那个供应商答应了降价的要求，然后采购员也相应地降低了零售价，这种商品以降价之后的价格销售，然而，销量并没有提高，出了什么问题？

问题在于，这名采购员的分析是错误的，而且错误地选择了需要解决的问题。采购员认定问题是将价格降低，但当时的问题实际上不在于此。可能这种商品从本质上就不受欢迎，或是某个制造细节上有问题，或是需要通过广告来吸引人们对这种商品的注意力，又或者是一长串可能存在的替代解决方案中的任何一种。关键在于我们所讨论的这名采购员错误地选择了需要解决的问题，并且这个问题实际上也解决了，然而结果却是更糟糕的局面。如果他把同样的精力和心思放在解决正确的问题而不是错误的问题上面，那他就会收获颇丰，而不是浪费宝贵的时间。

我们再来举个例子。有个孩子病得很重。他的母亲去了一家药店，要求药剂师给她疗效最快而且最可靠的治头痛的药，并解释说她的孩子头很痛。药剂师拿出了四种评价不错治疗头痛的药，接下来这位母亲面对的问题就是这四种药她应该买哪一种。向药剂师咨询了很长时间之后，这位母亲选择其中一种药买了下来，然后回去给孩子吃了。白天的时候孩子的头痛又发作了。她给孩子吃了更多的药使他安静下来。结果那天晚上，孩子死了，死因是阑尾破裂。这个孩子的死也是因为他母亲解决的是错误的问题。她花尽了心思试图给孩子挑选正确的治头痛的药（在这个问题上，她可能已经做得很成功了），而不是立刻去请医生来给孩子看病。

我特意为你举出了一些日常生活中最平常的例子，因为我希望你像我一样意识到，思考和行动上产生如此可怕的错误是错误的问题排序或者根本没有对问题进行排序所造成的后果。你并不能理直气壮地回答说，根本不会有人愚蠢到犯下我刚才所举例子中的那种错误。每一天甚至每时每刻都有人在犯这种错误，为了说明这一点，我几乎可以向你保证，在某种更难以察觉的情形下，你自己也经常会犯同样严重的错误，原因也是一样的，只是当时你并不一定能由结果找出原因而已。

你可能还想说，我刚才所举例子中的那种错误完全没有必要被贴上任何像错误的问题排序这种如此应付的标签。你会说，我所说的那些事情无非就是愚蠢的错误而已。那些事情当然是愚蠢的错误，但是将那些事情称为“愚蠢的错误”，对阻止其发生没有任何帮助。我们经常听到这样的话：“你怎么这么笨？”或者“你犯了一个愚蠢的错误！”你用这样的方式能教会别人什么东西吗？也许不能。如果你真想教会别人一些东西，那么你应该做的不仅是告诉他犯的到底是什么错误，还应该告诉他应该怎么做才能避免以后不再犯类似的错误，而这正是我现在想要做的事情。我的意思是人们出于各种原因经常错误地选择了需要解决的问题，这本身就是一个错误，而避免这种错误的方法就是在你头脑中建立一种普适的问题优先级排序的概念。这样一来，你就有可能在任何一个特定的时间点上有一定的把握做到选择正确的问题去解决，并且是在正确的时间去解决它。稍后我们将讨论最后一个与此相关的问题，那就是以正确的方式去解决问题。

根据我的经历，我再为你举一个非常好的例子来说明问题排序中存在的一个很困难的问题。我很难决定，我应该先向你介绍本章中与更好地思考的基本规则有关的内容，还是先向你介绍下一章中与使用思考工具的特殊规则有关的内容。做出这个决定的困难来自于一个真正的两难困境。如果你没有先了解基本规则，那么学习应用特殊规则对你来说就不一定有好处，理由很简单，如果你能良好地思考，然而你思考的是错误的问题，那么良好地思考对你也没什么帮助。

还有另一个方面，这也正是我面对的两难困境之所在，一个人要正确地确定问题的优先级排序，就必须完全理解并熟练使用思考工具。因此，在我还没有向你解释关于使用思考工具的规则，而这些规则在正确地确定问题的优先级排序中必须被充分应用，我就已经将确定问题的优先级排序作为更好地思考的第一条规则推荐给你，这样做到底有多大的价值，的确是一个非常现实的问题。正如你所看到的，我的解决方案是先介绍基本规则，然后再让你掌握适用于这些基本规则的一些更特殊的技巧。

我完全不能确定我这个决定是否正确，但我希望你能意识到，问题排序中存在的这一问题不仅像我说的那样是一个很困难的问题，还是一个实际问题而不是理论上的问题。我的决定将产生实际结果。很多人能以某种顺序来学会一些课程，但完全不能以另一种顺序来学会同样的课程，这一点已经得到了充分证明。因为这本书在教学上是一个冒险，所以如果我选择了错误的课程顺序，我可能就会使我的目的无法实现。我不想这么做，因为就我个人而言，我试图尽最大的努力来指明一个我认为十分有价值的目标。因此，当我在写这本书时发现自己此刻正面对着一个两难困境时，我所做的和我建议你在类似情况下去做的事情一样，我停下来仔细地思考，用尽我所能运用的所有思考工具，也只有在这样做之后，我才做出了一个我现在认为有理由相信是正确的的决定。我可以在这本书中用单独一个章节来展现我做出这个决定的具体过程，但是我更愿意把这个未加解释的过程作为一个非常好的思考练习留给你去实践。运用所有的思考工具，仔细权衡各种结果，然后看看你是否会得出和我一样的结论。如果你这样做了，那么你就等于在提升问题优先级排序的技巧上得到了一个非常好的小锻炼。

我在这本书其他章节曾经说过，柏拉图和亚里士多德以及在他们之前和之后的很多哲学家，都花了很多时间和精力来思考这个问题优先级排序的问题，跟随他们的脚步来开始你对这个问题的思考是最好的选择。他们是从这个问题开始的："什么是人类的最高利益？"他们明白在问题的总体排序中，如果你能合理地确定什么是人类的最高利益，那么你就会发现，列举出那些较次要的利益，描述它们彼此之间的关系以及它们与最高利益之间的关系是有可能的，而且也更容易做到。

这是能够做到的最基本的问题排序。按照通常的说法，对于这一问题的理解其实也决定了你究竟希望从生活中得到什么。即使是最小的、最无关紧要的行动，也应该有一个控制方案。行动在很大程度上意味着努力。除非有某种目的，否则付出努力就是很不明智的行为。付出实现一个更大的目标所需的代价来完成一个小目标也是很不明智的行为。如果你知道了人类的最高利益是什么，也就是说你知道了自己更大的目标是什么，你就要拿出最保险的策略，以防止你自己进行任何一种在实现其直接目的时阻碍你实现另一个更重要目的的行为。

相比我们自己的教育而言，我们在教育孩子的时候似乎能更好地领会上面所说的这个规则。对我们来说，告诉孩子不要吃太多冰激凌否则就会胃痛，并不需要多高的脑力。也就是说，在完成吃太多冰激凌这个小目标的同时，会导致无法实现避免生病这个更大的目标——在这个情况下就是避免胃痛。但当涉及我们自己的情况时，作为成年人我们并不总是能这么明智。例如，良好地阅读会带来益处，但是我们都知道很多成年人屈服于他们天生的懒惰倾向而放弃了良好地阅读，也就是放弃了获得知识从而带来的更大好处，在他们的问题排序中放弃懒惰充其量只能带来一点点好处。就我个人而言，这个阅读的例子和孩子吃冰激凌的例子并没有什么太大的不同。

我相信我已经完全使你相信更好地思考的第一条基本规则，即确定问题的优先级排序有其正确性和必要性。关于如何去做，我可以给你一些简单的建议：用直觉来确定，或者不管用哪种方式，用你的最佳思考方式来确定，想一想对你来说生活中真正重要的事情到底是什么。请记住，当今人类的平均寿命是65岁[①]，而你能活到80岁甚至更久也是有可能的。不要对你希望从生活中得到什么做出一个存在局限性的判断。你在接下来的10年或15年之中想要的是什么，很可能就是你心中最重要的事情。然而这是解决问题的错误方法。不要从这个角度去考虑，试着确定你整个人生自始至终想要的到底是什么。如果你列出一个合适的清单，其中主要因素的数量应该屈指可数。事实上，只可能有两个主要目标：一个是幸福，另一个是问心无愧。前者属于哲学范畴，后者属于宗教的参考系统。我将把第一个目标，也就是幸福作为我的论述对象。你所希望得到的全部幸福中还有哪些方面的幸福是你暂时缺失的，这个问题对你来说应该不会太难回答。你的一部分清单或许与婚姻、孩子和朋友这样的一些人际关系有关；一部分或许与物质利益有关，例如得到金钱和财产；一部分或许与你可能从适当地体力锻炼和智力锻炼中获得的审美满足有关。

上面这些是我向你推荐的一组非常简单的分类清单，列出的

① 这里指20世纪上半叶。——译者注

内容非常有限，但是我认为你已经明白了我的意思。当你确立了你的生活中这样一些基本目标以及它们彼此之间的关系之后，你会发现它们之间存在某些冲突。例如，你既想要金钱，又想要名誉（这里指的是你得到同时代人的尊重），这就可能会有冲突。如果你通过盗窃来得到金钱，那你肯定会冒着丧失名誉的风险。如果你不想盗窃，那你应该就是大多数发现自己不能得到很多金钱的人之一。就我们现在进行的这个讨论的目的而言，我对所涉及的道德问题毫无任何兴趣。这本书是关于思考的，而不是关于伦理学的，而且我只是简单地向你指出一个合乎逻辑的结果，在确定问题的优先级排序上，抛开所有关于良心的问题，你可以在得到金钱但得不到名誉和得到名誉但得不到金钱之间做出一个理性的选择。而我忍不住要指出，从逻辑范畴上来说，你最好选择后者，也就是得到名誉但得不到金钱。

有一件十分有趣的事情，那就是正确的结论在不同的领域中往往会完全一致，而且一贯如此。哲学家认为，在问题的优先级排序中，伦理美德胜于理智。逻辑学家也可以得出同样的结论，尽管可能是通过不同的途径。心理学家认为人们很好地融入群体是心理健康的一个基本因素。用心理学家的话来说能“很好地融入群体”的人，有一个本质特征是成功地建立了他自己合理的问题优先级排序，而我通常会说，首先要承认伦理美德是最为重要的。

当然，聪明的人会不断地对他们问题等级排序中的某些部分重新排列。不断增长的智慧、变化的欲望和变化的环境，这三个因素不断地在起作用，同时也不断地要求人们在问题优先级排序上必须做出一些改变。

因此，关于建立问题的等级排序有三件事要做：第一，如果你还没有问题排序的方案，那就立刻制定一个方案。第二，用你所拥有的思考工具和技巧来检验这个方案的有效性。第三，终你一生不断地调整你的方案。我想我还应该加上一条。第四，使用你的方案。

从面对很多问题时需要解决的共性问题中，我们推断出了第一个基本规则是确定问题优先级排序，现在要继续推断出面对某一个问题时需要解决的具体问题。想象你现在正面对着一个特定的具体问题。在试图解决这个问题时，你应该遵循的基本规则都有哪些？是否也必须像第一条基本规则所描述的建立确定不可或缺的问题优先级排序一样，确定这些规则的优先级排序？我们将依次解答这些问题。

更好地思考的第二条基本规则是：陈述你的问题。除非你遵循第二条基本规则，否则对任何一个问题进行艺术性思考都是不可能的。完全不陈述问题，更不用说正确地陈述问题，在这种情况下问题也有可能被解决，但是这样的过程绝非艺术性思考的过程。我似乎听到你正在心里这么说：“只要我能得到正确答案，我还会在乎什么别的事情吗？”所以我要马上提醒你，正如亚里士多德所说的“一燕不成夏”[①]，而且一个侥幸和偶然的正确答案并不意味着正确地思考。针对这件事情，你必须完全遵循希腊人对此持有的态度。你要坚信，在思考中做事情的方式——这种良好的做事方式——不是一种学术上的癖好，也不是一种没事找事的古怪念头，而是通往理智的道路。

有一次，我走进一个会议室，一群高级主管正在讨论一个大型商店由来已久的经营问题：如何才能提高销售人员的销售业绩？当时争论的焦点是对于支付所有销售人员的销售佣金，商店是应该始终使用同一个体系，还是应该使用几个不同的体系。当争论进行到一半时，我坐下来听了几分钟，然后请他们陈述这个问题。他们陈述的问题和我刚才所说的一样：是使用同一个体系还是几个不同的体系来支付销售人员的销售佣金。

到那时为止，这个问题还没有被具体说明。正如经常发生的情况一样，谈话快速地从这些高级主管讨论的某一个问题跳到了另一个问题，而且只是在偶然的情况下才会专注于某个特定的问题。当他们停止争论并陈述了问题之后，某些事情立刻就变得显而易见了。这就是用陈述问题取代含糊不清地争论所产生的功

① 亚里士多德在《尼各马可伦理学》里说：“One swallow does not make a spring”，比喻凭个别现象草率下判断是不明智的。——译者注

效。陈述某个问题的行为实际上促使你必须去做一些有利于解决这个问题的事情。可能会促使你去做的第一件事情是，你必须问自己你陈述这个问题的形式是否具备任何意义。比如这些高级主管讨论的这个特定的问题，如果用上文中那种措辞来陈述，实际上没有任何意义。他们的陈述就像是在问：一个人应该喜欢布鲁克虹鳟鱼还是喜欢网球？一家商店对销售人员实行同一种奖励体系或者几种不同的奖励体系，这两种方案都没有固有的益处。无论这些高级主管以何种方式解决了这个特定的问题，这家商店都不可能真正获得益处。他们只会成功地将支持或反对实行某种奖励体系的这种多数人的偏见记录下来。你会注意到，在这个问题被陈述之前，无法证明这个讨论中的问题是没有任何意义的这一事实。

我碰巧知道这场讨论主要的话题是提高销售业绩，所以在这些高级主管陈述了焦点问题是要在奖励方式上达成一致之后，我问他们，如果他们问自己一个更普遍的问题，也就是所有奖励销售人员的方式与提高销售业绩这个目标之间可能存在怎样的关系，他们是否会认为问这个问题并不能使他们的难题更快解决？思考这个问题是为了准备建立一个问题优先级排序。我们继续展开这个论题，然后确立了一个相当完整的优先级排序。差不多是这个思路：提高销售业绩涉及若干可变因素，例如待售商品的展示方式、布局等等。然而，在我们所考虑的这个特定问题中，我们研究的是假设除了销售人员之外所有可变因素都是固定不变的情况下，将销售人员的相关问题当成一个问题来处理。这就等于将这个特定问题细分后，选择与销售人员有关的问题作为一个独立的子问题来解决。下面就是他们为了确定与提高销售业绩这个议题相关的问题优先级排序而最终列出的清单。

提高销售业绩

挑选最优秀的销售人员；然后，

I.陈述目标：每一名销售人员的收入总额最大化

II.提供足够的奖励以确保销售人员对这一目标的渴望最大化

III.为销售人员实现这一目标提供最有利的条件

销售人员在提高工作效率的同时也要符合商店的战略中的下列这些基本要求：

I.客户美誉度最大化

II.员工福利最大化

III.合理保护商店利润

上述清单中提出的每个主要问题都被扩展为一系列子问题。因此，对于挑选最优秀的销售人员这个问题，也应该被扩展为与人员素质、工作经验、积极性以及特殊技能等其他方面有关的子问题，还需要包括这些方面的相对重要程度，这些都应该出现在图表中。对于奖励这个问题，金钱奖励应该列为一组，证券奖励应该列为另一组，晋升前景和表彰个人成就都应该列为除此之外的一组。最后，一个相当完整的问题等级体系被清晰地表达出来，有用的解决方法很快就会呈现出来。所有这一切都是通过首先坚持陈述问题才得以实现的。

我们刚才说到，通过陈述一个问题，你几乎不得不对这个问题的几个要点进行有益地思考，其中的一个要点就是，“你陈述这个问题的形式有什么意义吗？”一旦问题陈述完毕，你还应该提出其他的问题。你当然应该问，“这个问题值得去解决吗？”这是一种不可或缺的检验过程。严格来说，在决定一个问题是否值得去解决的过程中，你所面对的实际上是一个投资问题。一个问题的每一种解决方案都需要投入时间和精力，可能还要投入一些别的东西，比如金钱。如果同等地投入这些有形资产和无形资产能够解决某个其他的问题，而解决其他的问题将产生更大的效益，那么你就可以假定当前所面对的那个问题已经被证明不值得去解决了。

以一位高中老师为例，她听某人说教室里的照明是一个很重要的因素。她的常识告诉她，自己教室里的照明是完全足够的，但她认为无论如何最好还是测量一下流明。她请来一位照明工程师，这位工程师告诉她教室里的照明确实是足够的，但是他还知道一种改进的方法，可以稍稍提高流明，而且花费很少。于是这位老师去找校长，然后和校长一起非常详细地研究是否请照明工程师进行改进。

然而所有这一切完全是浪费时间。就算实现了一部分改进，能够产生的好处也到不了值得考虑的程度。如果这位老师哪怕能稍微理智一些，她就应该将同样的时间和精力用来帮助一个学生，或者努力使自己成为一名更优秀的老师。对我来说，想想到底有多少人花费如此多的精力去解决那些优先级排序错误的问题实在是郁闷不已。解决这样的一些问题可以产生少许效益，但即便如此，这些问题在所有问题中仍然是微不足道的，根本没有必要去解决它们。

更好地思考的第三条基本规则是：在你努力获得正确解决方案的过程中，尽可能将所有情感影响从任何理性思考过程中抽离出去。你不能用你的欲望来思考，但是很多人都这样做过，其结果都是可悲的。根据个人欲望来思考是一种普遍存在的弱点，体现了人类本性：人们非常认真地思考自己各种各样的喜好、厌恶、期望、畏惧、歧视和迷恋，试图通过这种方式得出问题的答案。现在你一定要细心地注意到一个至关重要的区别。我并不是说，“从你的最终结论中完全排除情感因素。”我说的是，“尽可能将所有情感影响从任何理性思考过程中抽离出去，然后再加上这一句话，在你得出最终结论的过程中，你要理智地决定情感和理性这两种力量应该各占多大的比重。”

更好地思考的第四条基本规则是：陈述关于资料方面的情况。任何问题的解决方案都需要一定数量的相关资料。你必须问问自己，你已经获得了多少相关资料：有多少是容易获得的，例如从书、档案、其他人的思想或者其他一些形式中获得的；有多少虽然不容易获得，但仍然有可能获得；另外还有多少相关资料实际上是通过所有可行的方法都无法获得的。关于资料，你不仅要了解自己已经获得和能够获得多少相关的资料，还要弄清楚这些资料的可靠性和准确性以及它们是否具备可用的形式。上面这几条要求都是为了保证你在思考过程中避免由于信息不完整或者信息不正确所导致的错误，除了这些要求你还要考虑自己获得的资料是否值得处理，因为我们前面提到过考虑投入时间可能存在的增量是很有必要的。获得必要的准确的资料需要花费的时间要占为了解决问题所投入的时间的一部分。

更好地思考的第五条基本规则是：在处理问题时要遵循固定的基本行为顺序。顺序如下：

1.制定必需的、恰当的解决方案（见下一章“思考工具的选择和使用的特殊规则”）；

2.陈述一个或多个试验性的解决方案；

3.选择一个试验性的解决方案；

4.对解决方案进行所有可行的理论检验；

5.使解决方案与你设计的问题优先级排序相关联；

6.根据总体计划的要求，对解决方案进行必要的修改；

7.尽可能建立一套能够判定你的解决方案正确与否的评估体系；

8.尽可能建立一套事前评估体系，这样一来，当你的解决方案最终真正地付诸实操检验时，你就能准确判断方案实施的效果。

我认为当你尝试以这一基本行为顺序来处理问题时，它的意义将是不言而喻的，我相信会为你节省大量的时间，同时还会带来一些其他的好处。

更好地思考的第六条基本规则是：尽你所能仔细估算可能实施的解决方案的损益因素，并且预先设计出在解决方案失败的情况下的行动方针。尽管我认为任何一个职业赌徒只要一听这段话马上就能明白我想表达的意思，但我最好还是解释一下这条规则。

我们不妨就从赌博的角度来讨论第六条基本规则。你口袋里揣着50美元走进了蒙特卡洛赌场。你决定玩玩轮盘赌，在估算输赢概率时，首先要做的事情就是搞清楚一个事实，那就是轮盘上一共有37个数字，你可以在任意一个数字上押注，但是，当你押中了的时候，只能赢回36倍的赌注。这就意味着如果你连续37次在同一个数字上押注1美元，在完全符合概率法则的情况下，你确定无疑会输掉1美元。因此，只要你重复这样做的次数足够多，那么你想输多少钱就能输多少钱。而另一方面，在一个两三个小时的夜场赌局中，几乎不可能出现完全符合概率法则的情况，所以，如果你的运气不好，你的损失可能会比确切的庄家赔率高得多；如果你的运气好到一定程度，那你肯定会赢。

如果你的口袋里只有50美元，既然知道自己很有可能会是输家，那么事先适当地估算一下赌博输赢的可能性，然后再决定，为了获得一个夜场赌局可能会给你带来的乐趣，你准备承受多少损失来当作交换，我想这样做对你来说应该是最理想的。这就像买票看电影一样。你觉得晚上看电影给你带来的乐趣值5美元、10美元还是50美元?

我们再来把情况复杂化一点。你口袋里的这50美元实际上是你最后的全部家当。如果不去赌博，你可以让家人多寄点钱过来，剩下的钱还足以支撑你维持生活直到家人寄钱过来，这样你就有路费可以回家了。而另一种情况，如果你有100美元，不用找家里要钱就可以自己回家。在这种情况下，如果你走进赌场，决定要么赢回100美元要么把钱输光，但是你没有遵循上文中第六条规则的其中一部分——预先设计出在解决方案失败的情况下的行动方针。你没有为自己准备一个在冒险行为对你不利的情况下可以实施的行动方针，所以最后的结局你不是赢了100美元，而是一无所有。

在本章结束之前，我还想提出最后一条建议，我认为将这一条拔高到更好地思考的基本规则之一的地位并不太合理，不过它包含一句很有用的格言。如果面对某些问题时，经过适当的研究，找到了一个正确的解决方案，然后这个解决方案被执行了，但是方案的执行被证明是失败的，那么人们都会明显倾向于认为这个解决方案肯定是错的。然而这并不一定是事实，实际上情况通常恰恰相反。我提醒你注意的这种危险是一个不根据前提的推理谬误特有的例子。推理过程是：我们得到了一个问题的解决方案，但是它并不奏效；因此，这个解决方案肯定是错误的。但事实往往并非如此，事实不是解决方案错误，而是方案执行上存在错误，或许有缺陷，又或者不符合标准。在这种情况下，如果你错误地将失败归因于解决方案本身而不是错误地执行，那么接下来你很可能会去做一些全然徒劳无功的事情，你会把问题重新摆在面前并且试图找到另一个解决方案，然而你所找到的解决方案必然是错误的。

我认为应该引用亚里士多德说过的一句话作为本章的结束，这句话十分贴切："谬误有多种多样（如同毕达哥拉斯学派所列举的十对对立范畴一样，恶属于无限者，而善属于有限者），而正确却只有一种（这就是为什么失败容易成功难，脱靶容易中靶难的缘故）……人们为善的道路只有一条，而作恶的道路却可以有许多条。”

第七章　思考工具的选择和使用的特殊规则

某种情况下的固定因素：问题的陈述和资料——可变因素：选择可将资料整理成模式的思考工具——只使用直觉还是使用直觉加上其他工具——解决方案中的典型困难——情感偏见的危险——语义困难——形式逻辑助你寻找正解——三段论陷阱——关于实践归纳的论述——针对过分简单化的警告

在本章中，我们将探讨这样一种情况，我们假定这种情况包括三个因素——两个不变的固定因素和一个可变因素。两个固定因素分别是：一、问题的陈述；二、资料，从中可以获得解决方案的资料。可变因素与选择用于将资料整理成模式的思考工具以及艺术性地使用这些工具有关。

那么如果现在给你一个需要解决的问题、大量的相关资料，但是没有任何可能进一步获得有关该问题的额外信息，在这种情况下，你会首先使用什么思考工具？答案是直觉。这里涉及一个令人费解的怪现象。在处理一个问题时，你第一次使用你的直觉作为用来解决问题的首选工具。

问题有两种解决方式：完全通过使用直觉来解决，或者通过将直觉与前文中所列出的五种有意识推理的工具中的一种或多种结合在一起来解决。有些问题可能只需要通过直觉来解决；而有些问题在最初使用直觉选择工具之后，可能主要通过使用五种有意识推理工具中的一种或多种工具来解决；还有些问题则需要使用所有的工具，尤其要注意你的思考工具清单中所附带的第七种工具。

首先要决定的是单纯依靠直觉还是要使用直觉结合其他思考工具。如果你所面对的是一个很紧急的问题，因此几乎没有时间去进行细致而费力的有意识地推理过程，那就干脆一些，单纯靠直觉去解决。同样，如果你面对一个不会因为你的决定而带来什么严重影响的问题，那就也别犹豫了，通过直觉去解决。还有，如果一个问题的科学解决方案所需的大部分相关资料无法获得，那么也通过直觉去解决。

现在我们来考虑与上面这几条规则相关的情况。如果解决一个问题可用的相关资料很充足，你的决定会产生严重的影响，你也有足够的时间进行推理分析，那就绝对不要单纯通过直觉来解决问题。此外，还有两种情况，即使你的决定并不会带来什么严重影响，也应该使用有意识地推理过程。其中一种情况是，你解决问题时带有教育目的，想要教别人如何做出决定；另一种情况是，你希望别人来执行你的决定，聪明地理解决定中的基本原则对聪明地执行决定来说是不可或缺的。

如果一定要单纯通过直觉来解决问题，那么我想不出什么真正有价值的方法来指导你通过直觉实现你想要的结果。有些人认为沉默地祈祷很灵验，还有一些人认为应该尽可能在月圆时分将象征幸运的兔子脚挂在脖子上的时候去做决定。对此，我想最好还是让你自己去拿主意。我可以告诉你，要自觉反省，并且用你所知道的方式使你潜意识中未受约束的思考流程尽可能自由运转。但是不管怎样，个人有效地启动这个机制使其进入运转状态的具体方法是很微妙的且因人而异——而当你决定通过直觉来解决问题之后，你必须拥有自己的一套方法，使你能有效地启动这个机制并且进入最佳运转状态，就像我说的，让车轮转动起来。

在其他章节中，我已经提到过一些我认为你可以采取的步骤，现在必须加上这一条：你要用相当长的一段时间来对你的直觉能力进行不受约束且卓有成效的锻炼，并且从这些锻炼中尽可能积累富有创造力的、丰富多样的经验。因此，在本章中，关于思考工具的选择和使用，我要给你们的大多数忠告都和五种有意识地推理工具有关。

如果你决定将直觉和有意识的推理过程结合在一起来解决所面对的问题，那么我建议第一步是：将所有很可能与问题有关的材料都纳入你的有意识地思考的层面上。对于极其简单的问题，完成这一步可能花不了几分钟，而对于复杂的问题，可能需要投入几个小时甚至几天的时间。

接下来的一步是按前文中的规则来处理问题，并将这个问题纳入与其相关的问题优先级排序中，寻找一个小型的参考系统。那么到目前为止，你已经实施了上一章中提到的第一条和第二条规则，现在你需要考虑选择思考工具了。

你的第一选择应该是第三种思考工具——语义学。这是一种检测你对问题的陈述是否恰当的工具。词语代表事物，但是词语并不是它们所代表的事物，而仅仅是这些事物的符号。作为符号，词语至少省略和曲解了所代表事物的某些特性。你必须首先意识到那些用来陈述问题的词语省略和曲解了哪些内容，这样才能很好地判断这些词语所剩余的语义是否足以陈述问题。

现在请思考这样一个问题：在第二次世界大战中，美国是否应该帮助盟军对抗德国？我曾听到人们就此争论好几个小时，最后的结论却只是说看如何定义“帮助”这个词。争论开始的时候，通常有一方认为美国如果需要派遣士兵的话，那么美国就不应该提供帮助；而另一方则认为如果只需要提供金钱和物资给养，那么这种帮助是可以的。于是就有一方会列出一系列美国应该提供帮助的观点：因为民主的原则存在争议，美国可以获得对自己有利的物质等等。而另一方则提出了有关孤立主义标准的理由，美国置身于欧洲事务之外，美国国内已经有不少自顾不暇的麻烦了，并断言如果换位思考的话，盟军是不会帮助美国的等等。这种纯粹由语义困难而引起的争论是司空见惯的。倘若稍微花点时间注意陈述问题时的措辞就可以最大限度地降低这种语义理解所导致的困境，消除这种无谓的争论。

然而当这种语义困难触及根深蒂固的情感偏见时，要消除这些语义困难就会难上加难。比如有一个问题是这样的：在战争时期，是否每一个思维正常、身体健康的成年人都应该上战场去保卫他们的祖国？这个问题明显是围绕着“思维正常”一词的，毫无疑问，我们显然会发现大多数人都会认为这句话是不言自明的，是不可侵犯的真理，如果这时一定要对“思维正常”一词做出理智冷静的推敲显然是令人厌恶的。他们对所有针对这一陈述的正当分析都心存厌恶，甚至对探讨词语语义这一明显无害的过程也深恶痛绝。如果你对坚持这种观点的人说：“你认为‘思维正常’是什么意思？”想必他会带着愤怒的语气回答你说：“你认为‘思维正常’是什么意思我就认为是什么意思——你这不是没事找事吗？”

你会发现在任何词语中，语义困难和人的情感偏见之间的关联越深，在尝试进行任何分析之前就越有必要确定这个词与所代表的实际事物之间的真正联系。对于某些特定的人来说，有些词或词组的情感绑架已经变得非常严重，他们简直就是精神错乱。我这里说的“错乱”指的并不是一个人古怪反常，而是疯狂。有一些案例记录了通过消除语义困难治愈了真正意义上精神错乱的人，真是令人震惊。如果你好好想一想，就会发现这的确令人印象深刻。要知道理智和精神错乱的分界线并不是那么泾渭分明，而是像发丝那样细微。我们并不会因为一个人基于语义困难而持有错误观点就说他是疯子，但是如果有人因为他的用词受了委屈，于是就杀了对方，那么在这种情况下我们可能会认为这个人在实施谋杀时一定是暂时性疯了。

请不要误解我的意思，我并不是说所有这类谋杀都是因为语义困难造成的。我是说在某些情况下确实如此，我用这个相当偏激的例子是想表明持有错误的观点是很危险的，有时会导致悲惨的后果。如果错误的观点仅仅是基于语义困难，那可真是不可原谅的，纠正语义困难其实并不是难以解决的大麻烦，只要人们愿意解决在了解语义学基本性质的过程中遇到的小麻烦。

假设我们已经检查了对某个问题的陈述，接下来会有两种情况：一种是其中没有任何具有危险性的语义困难；另一种情况是有语义困难，但我们可以通过重新陈述来消除语义困难。现在我们可以做好准备，从剩下的四种思考工具中选择一种来整理资料以及找出解决方案了。如果你是一位思考艺术家，那么这个选择并不算至关重要，因为就算选错了工具，你也很容易在进行深入分析之前认识到这个错误。对于真正的艺术性思考者来说，还有一层更可靠的安全保障。接下来，我想给你说说技艺高超的桥牌玩家在牌局中是什么样的，我说完之后你就会明白我是什么意思了。

当一个技艺高超的桥牌玩家抬手叫牌时，他往往会进行非常复杂的思考。在这里我不关心他对比分状态以及牌桌上其他玩家能力和特点的分析。我所关注的是，他会尽可能地根据概率的指引来分析其他玩家手上的牌，暗暗琢磨：“如果我按自己所估计的牌的分配来叫牌，那么庄家应该怎么出牌呢？”如果有两三种叫牌的方法，这种情况下高手玩家会在心里把这三种叫牌的走势全部都推演一遍，以便看出哪一种叫牌的得分是最优的选择，然后他会选那个最优的方法叫牌。

真正的艺术性思考者为解决某一特定问题选择思考工具时也会进行这种类似的思考。他会迅速分析选择四种工具的最初情形，以此判断出哪一种工具更能助他走向成功。这是一种相当先进的思维方式，在确信能够熟练运用它之前，我们最好还是利用一些经验法则来帮我们尽可能先选出正确的思考工具。

如果你的目标是不容辩驳的，你的解决方案必须经得起严格的推敲质疑，经得起严谨的科学论证，那么你的第一选择应该是形式逻辑。稍后我们再来进一步讨论在形式逻辑中你应该选择用语言来表达还是数学模型来表达。而另一方面，如果你需要你那令人满意的解决方案具有一定的可信度的话，那你可以选择从唯意志论逻辑或连续统一体入手。

首先你需要一个明确的解决方案，而不仅仅是一个可能的解决方案。你也许认为你的直觉会准确地告诉你，这个问题是不是一个应该通过逻辑或者数学的方法来解决的问题。然而事实并非如此，如果你的直觉能力和大家差不多，那么它会告诉你用数学来回答那些诸如“有多少”“价格多少”这样的定量问题，把诸如“哪个”“是什么”这种定性范畴的问题留给普通逻辑去回答。因此有一点会对你非常有用，那就是实际上所有的符号逻辑和相当一部分可用的普通数学都与定性问题而不是定量问题的解决方案的过程有关。所有这种情况在下面这类问题中十分明显。

假设你继承了一家工厂，该工厂是生产羽绒被的。你发现工厂的效益不太好，于是你产生了一个疑问：“这个工厂还能生产其他种类的被子吗？”你很快了解到它还可以生产羊毛被和棉被，但是你又发现因为某些特定的原因，棉被并不能给你带来任何利益，于是现在摆在你面前的问题就成了："我的工厂到底应该生产哪种被子，羽绒的还是羊毛的？"现在得到答案的适当方式是进行一项统计研究，你会发现羊毛被的销量是羽绒被的几百倍。由此你得出结论："我要在我的工厂里生产羊毛被。"在这里需要注意的一点是，除了进行通常几乎能解决所有问题都必需的逻辑过程之外，你还有效地利用了统计学或数学来帮助你解决困难。关于这个例子，我还想指出另一件需要注意的事情，那就是这个问题的陈述可能涉及一个假两难困境，因为你最终的正确决定也可能是依照大众需要的比例同时生产羊毛被和羽绒被。

如果你接受过普通水平的数学教育，你就可以从数学课本上获得一些标准的统计学方法，基于你对数学的理解，这种非常有用的扩展是很容易做到的。即便只是对普通数学课本进行一些浅尝辄止的学习，只要这些数学知识被引用到适当的统计学方法上，也能够帮助你解决许多超出你的数学知识范围外的问题。

让我们想象一下，你现在所面对的问题更需要一个明确的解决方案，而不是可能的解决方案，但是这个问题的解决方案并不受数学方法的影响。因此你只能退而求其次，使用形式逻辑。那么你该如何着手呢？如果你打算严格地将自己限制在三段论推理中，那么你就应该做一件重要的事情，这件事超出了三段论规则的惯例范围。那就是你必须对你的推理链所依据的每一个三段论都极为仔细地检查你的第一前提即大前提的正确性。

我们以一位雇主为例，他接到了工会的正式通知，要求他为一定数量的雇员和工会签署一份合同。倘若这位雇主是一个对工会持有根深蒂固的敌意的人，一门心思想要成为工会的克星。那么如果把这个工会克星的推理变成三段论形式，他可能会这么说："所有的工会都是我的天敌。凡是提出要求的团体组织就是工会。因此，这个团体组织就是我的天敌。"然后他接下来的一个三段论可能是这样的："与天敌之间交往唯一可取的做法就是与之战斗。工会是我的天敌。因此，我要与之战斗。"他的第三个三段论可能是这样的："如果你处在战斗中，那就要使用你手头上所有的武器。我现在正处在战斗中。因此，我要使用我手头上所有的武器。"好了，我想你应该知道这种推论的导向是什么——某些相当欠考虑、刚愎自用的行为，而且有时候甚至是使人追悔莫及的行为。然而，如果你去单独审视我刚才所提出的那三个三段论，你会发现它们并没有任何谬误，既找不出形式谬误，也找不出实质谬误。它们符合三段论的所有规则。如果说它们在哪方面存在问题的话，那么问题就在于这三个三段论各自的第一前提即大前提全部都是错误的。

在使用三段论的时候，永远不要忘记你正在使用的是"假设”的推理形式。如果你最初的前提是合理的，那么你遵循三段论规则所得出的结论也将是合理的。但如果你根本没有质疑你的第一前提即大前提，并且没有尽你所能对其进行检验，那么你绝对不能就这样草率地认可它的合理性。你需要检验你的第一前提陈述的新问题。因此，在我上文中提到的那三个三段论中，那位雇主应该问自己一个问题：“所有的工会确实都是雇主的天敌吗？”然后他必须努力构建一个合理的三段论来证明自己的陈述。如果他做不到这一点，那么至少也必须设法找到一些可能成立的理由来支持他的这个大前提。如果他既无法构建合理的三段论，也无法找到可能成立的理由，那他就必须放弃自己的这个大前提，除非他准备有意识地刻意为之，要以个人情感为依据而不是以合理的理由为基础来坚持他的这个大前提。最后，如果他准备按照一个非理性的前提来采取行动，那么毫无疑问，他同样也要准备承担这种选择可能会带来的恶果。

因为思考充满着危险，所以在此我也应该向你指出，我正在推荐给你的这种思考程序之中同样存在危险。这种危险被逻辑学家称为“无穷倒退”。我们假设那个雇主听从了我们的指示，并试图为他的“所有工会都是雇主的天敌”这一断言找到理由。假设他真的构建了一个三段论来证明这一断言，那么这个三段论会是这样的：“如果某种条件成立，那么所有的工会就都是雇主的天敌。”如果我们要和这个人争论，我们可能会说：“你的三段论是完全正确的，但是现在你必须构建一个新的三段论来证明你的第一前提与‘如果某种条件成立’之间相关联的合理性。”而这个过程可以无限地继续下去，结果会导致推理的过程无法沿着其自身应有的方向前进，反而变成了在不断质疑每一个新出现的三段论的第一前提是否有根据的过程中无限倒退。当面对任何一个已经陈述清楚但陷入无穷倒退的问题时，你要结合你的直觉来仔细推理，这样做能有效地帮助你分析已确定问题的敏感点从而将这种无穷倒退终止，也能帮助你确认一些命题是真命题还是不证自明的命题。

假设你决定通过类推来进行间接推理，而不是通过三段论来得出结论。然后你打算用这种方式来得出结论：概念A和概念B足够相像，所以这两个概念可以被称为是相似的。于是你对你的朋友说：“你知道吗？琼斯是个罪犯，虽然他现在没有被关进监狱。他简直太像那个黑帮头子阿尔·卡彭了。他们两人的唯一区别就是琼斯从来没有被警察抓住过。”你这个断言的各个方面都有可能会遭到质疑，其中有一点我建议你要特别注意，它代表了所有类推的内在缺陷，那就是全面性的相似这样的断言是建立在多种相似点基础之上的，而那些相似点有时候并不是有重大的意义或者支配性的因素。我猜想你所说的琼斯可能是那个臭名昭著的讼棍，这个人诡计多端而且道德败坏，非常奸诈，但从来不会去真正触犯任何法律，他肆无忌惮地钻法律的空子并且践踏法律的精神，然而从法律条款上来说他却并没有犯罪。如果事情是这样的话，那么你的类推就是错误的，阿尔·卡彭是因为违反法律这种显著的恶行才被社会大众打上了罪犯的烙印，而不是因为他不道德的行为。我认真仔细地选用了阿尔·卡彭的例子，这是因为他和琼斯的类推很容易使人迷惑，足以作为一个能够误导人们信服的错误类推的典型例子。在阿尔·卡彭被法庭宣判有罪之前，他早就已经是公认的罪犯了，后来他被指控的罪名（偷逃所得税欺诈罪）和之前那些让他声名狼藉的罪名完全不同，而正是之前那些恶行让公众知道了恶棍阿尔·卡彭这个人。技术上的区别在于，阿尔·卡彭的主要罪行无疑是触犯了法律的，但是定罪的证据不足，反观琼斯恶劣的渎职行为虽然不道德，但即便拿出所有证据，在法律上也不能去控告他。貌似可信但存在缺陷的类推所包含的错误几乎总是很隐蔽地藏匿在表面之下，需要极仔细地审视才能察觉。对类推中的这种危险保持高度警惕是特别有必要的，因为在得出结论的过程中，类推是一种非常普遍而且应用广泛的方法。

我在前文中曾经说过，在希腊人所使用的三种思考工具中，归纳从某种程度上来说是最卓有成效也是最有用的一种。到目前为止，我为你节省了去了解所有与归纳推理有关的学术性问题的大量时间。现在，我想我应该向你简述一下一两个关于归纳推理的基本概念。如果你试图通过考察一些特定的案例来推导出一个一般结论，那么你必须对这些作为结论基础的特定案例的数量和种类加以关注。这些案例的数量必须满足相应的统计学横截面数据的要求，而这种要求的范围大小不等，在某些问题中可能小到只需要1%，而在另一些问题中可能需要增加到10%甚至15%。

例如，对于“在美国有多少人仅凭自己的能力就能拥有超过一百万美元的财富”这个问题，如果你想在不依靠政府统计出的官方数据的情况下，对这个问题的答案做出一个断言，那么你就必须得到整个国家人口中符合这个案例的非常庞大的统计学横截面数据，只有以此为基础才能证明你的断言是有效的。然而，如果你想知道这个国家有多少人的眼睛是蓝色的，那么非常少的统计学横截面数据就足以作为对这个问题做出断言的基础了。因此，我们有理由相信，关于有效的归纳推理有这样一个非常有用的规则：在通常情况下，与归纳相关的某种现象越罕见，推导结论的依据对考察特定案例的数量要求就越高，而且反之亦然。这个规则与需要横截面数据足够多的原因有关，纯粹从统计学的角度来看，这是可信的。但是我们再来假设，你想知道的是这个国家患有佝偻病的儿童所占的百分比。佝偻病是一种主要由营养不良和缺乏日照所导致的疾病。但是患病儿童的比例在美国不同地区会出现非常大的差异，主要取决于当地是否会有儿童缺乏营养和日照较少这些诱发佝偻病的因素。如果你在研究中发现某个城市的儿童患病比例相当高，然后你可能会认为在美国其他地方数量较少的病例可以提供一个令你满意的统计学横截面数据，因为你正在列表统计的是一种常见的发病率，而不是某种罕见的现象。那么在这个问题上你就错了，这并不是因为什么统计学或者形式上的原因，而是因为统计资料有问题，事实上在这个国家的某些地区这种疾病是一种非常罕见的现象，因此你需要考察的案例数量要比你最初所考虑的多出许多，只有这样才能为你的结论提供合理的依据。倘若在此之后，你又接着进行了适当的三段论推理，那么就会发生错误归纳的重大危险，要么是因为我们刚刚讨论过的考察案例数量不足，要么是因为对所使用案例的观察和分析不够充分。

现在且让我们放肆一回，斗胆来仔细剖析一下莎士比亚的剧作《尤利乌斯·恺撒》中的一个不完全归纳——之所以说不完全是因为它表现出了对所使用案例的观察和分析不够充分。你还记得恺撒对安东尼说的话吧：

但愿有胖子常随我左右，

圆脑袋光溜溜的胖子，酣睡一夜的胖子；

但是那边的卡修斯面黄肌瘦，

他的脑筋动得太多了，这样的家伙是很危险的。

这些遣词造句都堪称辞藻华丽，但是逻辑性稍有些不足。我们几乎可以肯定恺撒一定认识一些并不危险的瘦子——而且一定也认识一些从来不动太多脑筋的瘦子。但恺撒还是说道："这样的家伙是很危险的。"恺撒的笃信建立在这样一个事实上，那就是曾经对他撒谎、行窃或欺骗他的瘦子都深深扎根在他记忆中，然而反过来说，很明显恺撒认识的其余的瘦子完全没有给他留下任何好的印象。

关于类推、演绎和归纳的使用，我并不打算再向你进行任何其他的解释，这是因为我有一个永不改变的信念。我坚信只要在开始时提供几条线索使思考朝着正确的方向出发，那么人类的心智绝对有能力为这些不同的思考工具找到它们各自的使用规则和具体方法。纵观此书，这个信念正是我创作这本书的目的所在，它与书中每一个章节的题目或许并不是多么贴切，但至少可以开始一个崭新的进程。

我们已经说过，你面对的问题或许可以接受一个可能的解决方案，而不是必须要有一个明确的解决方案。通常来说，一个可能的解决方案或许不是你的第一选择，但是对于在日常生活和思考中所面临的大量问题而言，想要获得明确的解决方案是非常困难的，实际上你能得到的只有可能的解决方案——而且即使你想得到的只是一个可能的解决方案，常常都会困难重重。

我想说的是，当你寻求的仅仅是可能的解决方案时，凡是这种情况，唯意志论逻辑应该是你首选的思考工具。和形式逻辑相比，使用唯意志论逻辑最主要的区别是不需要你去构建一系列诸如“如果……那么，则必然……”这样的论证，让你遵循三段论的流程，只是会对基本陈述模式进行修改，之前的论证模式被替换为“如果……那么，则可能……”。现在我来举几个例子说明这将如何改变你的推理过程。有的三段论会涉及某种不根据前提的推理谬误，然而当你寻求的只是一个可能的结论时，这种谬误对你来说也许是完全可以接受的，但是这样的三段论在形式逻辑中根本不可能被接受。例如，有一天我在街上看到一个人来到消防箱前拉动了控制杆触发了火警报警器，因此，我得知附近一定有什么地方发生了火灾。然而，严格来说，这是一个不根据前提的推理，因为根据有人触发了火警报警器这一前提，并不能绝对而且必然地得出附近一定有什么地方发生了火灾这个结论。他可能弄错了，误以为自己看到了火灾，也可能是有人恶作剧，跟他开玩笑说发生火灾了。然而，因为你对绝对且明确的结论并不感兴趣，所以你完全有理由相信很可能附近有什么地方真的发生了火灾。你迷失在一种从形式逻辑来看根本不可能被接受，但是在日常生活中却十分有用的三段论之中。

假设你这么说，“史密斯开车太快了，肯定会出车祸的。”毫无疑问，你在形式逻辑中犯了一个偶然性谬误。在限速范围之内，开车很快并不是导致事故发生的原因。糟糕的驾驶才是原因所在，而且如果一个人开车很快，但是他驾驶技术娴熟，那么当他的驾龄达到40年的时候都有可能不出任何事故。然而，因为快速驾驶和事故之间的关联性太高了，足以使你得出结论，但是这个结论仅仅是一个可能的结论，尽管它不能完全满足形式逻辑的严格条件，不过在唯意志论逻辑方面这个结论完全可以令人满意。

当你寻求的不是一个简单可行的解决方案，而是一个概率，同时这个概率和另一些相关因素之间存在一种模糊的、不确定的关系，在这种情况下，运用连续统一体来进行概率推理是非常好的选择。举个例子，勇气是艾尔谷犬的一种独特的品质吗？如果试图用形式逻辑来证明上述问题，你会发现这将是一个愚蠢的命题，因为你无法确定无疑地证明勇气是否是这个品种的犬类的特征。哪怕你运用唯意志论逻辑的推理过程来推断，然后断言勇气很可能就是艾尔谷犬独特的品质，我也依然无法确定你的答案是否能为大家在这个问题上带来什么较大的启发。对这个问题的回答还有一种能够提供更多有用信息的方式，可以这么说，勇气是位于两极之间的一个连续统一体，其中一极是根本不存在任何恐惧的大无畏，而另外一极则是不可能发生任何冲突行为的极度恐惧。如果你想使用数学符号系统来将不存在任何恐惧设定为100%，同时将极度恐惧设定为0，在测量勇气的过程中，你可以用各个品种的犬类所具有的不同程度的勇气作为样本来填满这个连续统一体，然后以这样的陈述作为结束：鉴于爱尔兰雪达犬位于这个连续统一体的中点即50%的位置，艾尔谷犬大致位于85%的位置，相比之下，英国牛头梗犬则应该被放在接近于95%的位置。你并没有就这个问题给出一个确切的解决方案，不过你会得到一个相对而言不太精确但信息合理的解决方案，而且你还解决了另一个问题，那就是证明了在这个问题上声称是确切的任何一种解决方案实际上都是错误的。

现在我们已经完成了整个思考工具清单的讨论，我并没有向你们提供关于选择和使用思考工具的详尽规则，而是给出了一系列我希望可以被证明是有益的而且具有挑战性的线索。尽管我并不希望如此，但是我知道你可能更乐于得到一套条理清晰的规则。如果把那些复杂而混乱的东西装订成整齐有序的小册子再交到你的手上，这样做当然会有令人满意之处，但是我可以想象到，你应该会像我一样对那种所谓秘方神药深感怀疑。真正难以做到的事情，比如良好地思考，是不可能用那样的方式学会的，也不该以那样的方式去教授。老老实实地面对思考艺术本身固有的困难，并努力从各处获得一些有益的帮助，这才是更好的选择，远比因为太过简化和太过拘泥于系统教条而犯下那种简单而愚蠢的错误要好得多。说完上面这句冠冕堂皇的陈词滥调却又不失为真理的说教，我想我们可以结束这一章了。

Part **3** >>>

思考的目标

我们通过不断地学习和实践把与思考的行为和艺术有关的客观原则带入生活，从而创造一种幸福的人生。这就是思考的目标。

第八章　思考在行政问题中的应用

更好地思考的目标是解决实际问题——在更好地思考的显微镜下观察真正的商业问题——行政问题的定义——管理人员的时间预算——运营——过多的员工会议——战略——人事，最重要的行政问题——员工评估表——聪明地使用图表——平衡未来员工的素质

英语中“艺术”（art）这个词来源于拉丁语中的ars，英语中“诗意”（poerty）这个词则来源于希腊语，而这两个不同语种的源词有一个共同的语义，都表示创作或者实行。“艺术”（art）这个词也表示创作或者实行。所以思考的艺术也就是思考的实行——将更好地思考应用在实际问题上面。当我们谈到思考的目标时，所说的就是这个意思。思考的目标或者目的是为了解决实际问题。

在本书的第三部分，我计划向你展示将思考应用在一系列实际的商业问题上面。在本书的最后一章中，我还会为你说明思考在商业问题范围之外的一些应用。但是在我看来，如果我所举出的大多数例子都是取材于同一个领域，比如商业，那么对于读者来说，这些例子的实证效果可能会比我从许多领域中随机取材举例更强一些，而且也更不容易混淆。

在考虑将思考应用于商业时，我准备从一般的行政问题开始入手。而在接下来的章节中，我们有必要就宣传、运营、销售和管理等领域中的具体工作所面临的某些问题展开讨论。

现在我们最好先以明确几个定义作为开始。我认为，一名企业高级管理人员是一个被授予了某些正式职权的独立个人。一名运营人员应该直接监督工作，而且从某种程度上来说，自己也要实际去做那些需要完成的工作。一家百货商店的采购员、一个制造企业的区域销售经理、一间工厂的领班——这些人员都是运营人员的典型代表。他们被授予了一定范围内的权力，而与此同时他们对工作的完成也负有直接责任。他们拥有对需要完成的工作的直接监督权，并且在这中间不存在任何级别的干预权力介入进来。虽然他们做不到仅凭自己的双手就完成所有的工作，但他们能够做到在工作现场始终用自己的双眼对所有工作的完成情况进行监督，因此他们对执行工作的方式也负有责任。搞懂这些运营人员和行政人员之间的区别非常重要，你要明白这两种人员之间不是在职务级别上有所不同，而是在工作类型上完全不一样。行政人员的工作是另一种类型的工作。

一名行政人员既不能完成我们刚刚讨论过的那种需要完成的工作，也做不到用他自己的双眼亲自监督工作中的几乎每一个细节，他几乎完全只能通过其他人员来工作。在大型企业中，管理人员会有好几个级别，高级行政人员会不得不通过其他人员来工作，这些其他人员本身也是通过另外一些其他人员来工作，而另外一些其他人员本身仍然是通过除此之外的一些其他人员来工作。我们稍后将详细地审视这两种行政职能在类型上的区别所产生的影响。但目前我所关心的主要是：这种区别是存在的，而且是一个很重要的区别。

这样定义的高级行政人员有三种职能。这些职能与运营、战略以及人事有关。我在前文中曾经提到过，正确的原则在一些明显毫不相干的领域中往往会重复出现。现在你可能会有兴趣来了解这种现象，因为刚刚所说的运营、战略以及人事就是高级行政领域的人文学科，严格来说，这和语法、逻辑以及修辞是古典领域的人文学科完全是同一个道理。

高级行政人员工作职能中的运营或者说是语法，在他消耗的全部时间和精力中应当只能占据极其有限的一小部分。我会设法为你定义这种限度。一名高级行政人员应该精确地将刚好够用的时间分配到他所负责的运营版块中，以用来完成三件事情。

既然这名高级行政人员对自己管理范围之内的全部工作职能是否处理得当负有最终责任，那么第一件事情就是，他应该拿出刚好够用的时间和精力放在工作职能的操作阶段上，以用来确保这一阶段的工作处理得当。这一点很简单，要确保那些必要的职能已经全部被执行，也要确保已经全部被充分执行，还要确保结果符合合理的预期。总而言之，他必须知道所有事情从大体上看都是朝着正确方向发展的，而且没有任何重要的事情正在往错误的方向发展。

接下来，他就应该拿出刚好够用的时间来完成第二件事情，确保他与战略和人事这两个方面有关的各项行动都符合实际情况。除非这名高级行政人员的工作里里外外都能相当地贴近实际——可以获得真实合理的事实和数据来组成他脑海中的工作构思——否则他在政策和人事这两个方面付出的努力就会脱离实际情况，这就很容易形成离题万里而且毫无效果的无用功。

最后，这名高级行政人员应该再拿出刚好够用的时间用来施展他在运营版块中所拥有的某种独特才华，只要他拥有的才华在这个企业的全体成员中是最高水平的，他就要施展才华来为企业做出贡献，这就是第三件事情。假设一下，在我所工作的这个公司中，目前来说最有才华的宣传文案撰稿人就是我，除非我要离职去往另一个公司担任宣传总监。在这种情况下，要是我每年不亲自写一些能对整个公司的盈利产生重要影响的宣传材料拿去投稿，那我就是一个很愚蠢的行政人员。

我们现在来观察一下，在定义一名高级行政人员应该如何分配在运营方面的时间时，我都是这样陈述的，拿出刚好够用的时间来完成某些特定的工作目标。据此可以得出这个推论，即不能花费更多的时间。我想我也可以这么说“也不能少于够用的时间”，但是根据我的经验来看，那些具备脚踏实地和认真负责精神的高级行政人员，他们喜欢通过“把事情做好”来获得自己的薪水。这些高级行政人员中有很多人都觉得“把事情做好”的意思是做事情要亲力亲为地动手去做。同时这些人有一点怀疑思考并不是在做事情，而且还会因此产生一种愧疚感，或许你曾经听到过某位高级主管这样的言辞：“我一整天什么事情都没做，一系列的会议让我脱不开身。”要是这样，我认为如果他在会议中根本没有进行任何思考的话，那他的说法就是对的——他什么事情都没做。

暂且说几句题外话，我知道有一个公司采取了强有力的措施试图遏制那些自由散漫的会议。只要是正确处理公司事务所必需召开的会议，不管多少公司都完全同意召开，不过公司对此还有一点特别坚定的要求，那就是这些会议应该是卓有成效的。为了实现这个目标，有四块标语牌被挂在了公司会议室墙上最显眼的地方。下面就是这四块标语牌上的内容：

关于会议所要讨论的问题以及讨论问题的顺序必须有预定计划，否则不得召开。每次会议的第一部分议程都应该包括该会议必须讨论的项目；第二部分应该包括在时间充足的情况下可以讨论的项目，但是能够推迟到下次会议讨论的项目除外。

因此应该为所有会议设置一个时长限制并坚持执行。

会议不应该被用来收集资料和进行研究，这些事务应该由一两名工作人员在参加会议之前来完成。会议应该被限制在对预先收集完成而且适用于当时的资料进行讨论的范围之内，同时会议的任务就是讨论这些资料并得出结论。这也要求每一位与会人员在参加会议之前必须完成对会议主题必要的初步研究。

所有出席会议的人员应该将自己的讨论范围限制在与预定计划所包括的议题相关的重要事项之内，而且不应该占用会议时间进行脱离会议主题的多余发言，或者就与会议主题有关但并不很重要的问题进行不必要的冗长讨论。

召开一定数量的会议的目的不是为了做出决定，而是为了根据决定分配责任。在重要的战略问题上，允许召开这种分配责任的会议，但是在运营事务和次要的战略问题上，高级管理人员应该主动履行所担任职务赋予他们的职权和责任；为他们的决定承担责任，并且按照他们坚信不疑的主张去大胆实施，即使之后的集体讨论有可能需要对他们所决定的路线进行一些改进。

尽管这些标语牌并没有摧枯拉朽一般彻底清除这个企业召开会议的积习弊端，但是有人告诉我，挂上标语牌还是有些帮助的，它们使用起来简单而有效。不管任何时候，只要参会人员认为另一名参会人员违反了规则，他只需要默不作声地指着墙上挂着的标语牌中他认为被违反的那一条就可以了。剩下的事情显然都是人之常情了。

我们再回到关于高级行政人员在运营方面分配时间这个问题上，我刚刚描述的那个问题有时候涉及高级行政人员委托的问题。有这样一种说法，一个人要是不懂得委托，那他永远也不能成为一名良好的高级行政人员。虽然我觉得这句话没有错，但是在我看来，这句话只是一句极少能派得上用场的概括。真正的问题与其说是一名高级行政人员是否去委托，倒不如说是他要委托的内容、时间、范围以及委托给谁。高级行政人员进行委托有各种各样的用途。对于目前的分析而言，我特别感兴趣的是下面这种用途，委托可以为高级行政人员节省一定的时间。正如上文中我已经指出的那样，节省这部分时间的目的在于将它用于战略和人事这两个真正至关重要的高级行政人员的工作职能上。

我们先来仔细考虑一下这两个工作职能中相对次要的职能——战略。在企业范围内，所谓战略的本质很模糊，而且战略这个词的使用范围非常宽泛。我知道每一个公司通常都会用到“战略”这个词的至少三种词义。有时候这个词表达的意思是意图，是指企业最高管理层的意图；有时候也会用到这个词通常表达的意思，只代表一个规定，并不等于最初的意图，或者是为了规范员工行为而发布的一条可能必须严格遵守的铁律；第三种是用这个词来表示这个公司的惯例或者习惯性行为。我之所以整理出“战略”这个词在用法上的差异，是因为我相信你也能想到有一些公司规定从未被转化成习惯性行为，同样也有一些习惯性行为从未曾作为公司规定被正式发布。

我应该解释一下“战略”这个词表达的第三种意思，“战略”在这里是指习惯性行为，主要是经营管理人员的责任。而就公司的规定而言，可能是经营管理人员的责任，也可能是高级行政人员的责任，具体则取决于规定自身的重要性和通用性，但只有意图才是高级行政人员关心的事情，而且意图作为“战略”这个词的基本定义，也是当我说到战略和人事都是高级行政人员应该关心的事情时所要表达的意思。只有最高管理层才能定义和重新定义一个公司的意图。这样的公司重大事项只有通过更好地思考才能较好地做出决策，而且把运营方面节省下来的时间用来较好地执行这项职能，这对任何一个公司来说都等于是挣到了很多钱。

接下来，我们讨论人事。按照我对人事问题的理解，可以有效地划分为三个部分：人员的选择、已选人员的职位安排和对已选人员的上岗指导。这都是一些重大问题。这些问题不仅是商业组织所面临的问题，而且也是所有雇用大量人员来实现其目标的企业所面临的问题。需要完成的工作高度专业化和智能化，这往往会进一步增加人事问题的重要性和复杂性。尽管如此，有一点仍然是很清楚的。如果一个大学的校长，或一个公司的负责人，又或者一支军队的将军确实能够将我们刚刚陈述的人事职能的三个部分执行得很好，那么他不需要再做任何其他的事情就能成为一名极为优秀的行政负责人。我们再来表达得更有说服力一些。一个企业的负责人可以完全不了解他这个企业的任何细节，也完全不熟悉企业的任何技术，但只要他能做好这三个部分的事情，那么他依然是这个企业很好的负责人。这是关于这种情况的最极端的陈述方式，但是我并不认为太极端，这种表达确实说明了我想提出的观点。

我的观点是，将更好地思考应用在这些人事问题上，应该可以得出一些关于这些问题所涉及的相关原则的重要阐述——哈佛商学院习惯于将此称为“当前有用的概括”。我们先来处理第一个问题，也就是人员的选择。为了将这个问题保持在易于控制的范围之内，我们假定这个问题被进一步缩小为挑选合适的高级管理人员。在我继续说明更好地思考在人事问题上的应用之前，我想请你先放下手中的这本书，然后思考一下从可选择的应聘者中挑选合适的高级管理人员的过程应该遵循哪些原则，再看看你是否能简明扼要地解释这几个原则。既然这是一个练习，也是一个为了证明我所确信的更好地思考适合应用在某个特定的商业问题上这个观点而做出的尝试，那么在我告诉你我所认为的答案之前，我希望你能够自己试着解答这个问题。

如果你已经确定了你的答案，那么我就把我的答案告诉你，然后我们可以互相比较一下。我的答案是首先承认这一点，高级管理人员的安排全都意味着妥协。找到一个完美的人来担任某个职位是永远都不可能发生的事情。既然世界上并不存在完美的人，那么最佳的人员安排还是将并不完美的人置于合适的职位之上这个睿智高明的安排。

要牢记妥协是人员安排中不可避免的事情，我们来举个例子。假设你是某个公司的一名高级管理人员，希望找到一个人能够担任你的助理，你怎么处理这件事情？

你要做的第一步应该是进行细致的分析工作——列出这个职位详细的职责清单。接下来，你必须列出另一个详细的清单，这个清单中要说明，能够充分履行你所列出职位的职责的人员必须具备的那些素质的最低标准。只有完成了这些事情之后，你才算是准备好开始选择人员了，也就是说，带着做出最终选择的目的去对排名靠前的应聘者进行面试。我完全没有打算在此讨论你如何才能找出那些排名靠前的应聘者。这是另外一个问题。我假定你要面试6名应聘者，然后你的问题是要尽可能实事求是地明确，基于你对这个职位的要求而预先设定的一些素质，这些应聘者之中哪一个人在最大程度上具备了这些素质。

我现在请你将手中的书向后翻到第150页和151页，看一下上面的图表（见图8-1），然后阅读紧接着的评论，同时详细参考图表。你会注意到，在图表的左侧有一个上面标记的刻度范围是从0%到100%的刻度尺。还有一条粗线横贯在图表的中间，标注着“正常水平”。这条粗线所表示的是，人们在你可能要进行评估的那些素质上所具备天赋的理论平均值。接下来，我对此进行解释。

如果你能够对100万个人在勇气这方面的素质进行评估，那么你评估结果的平均值就是勇气天赋的理论平均值。有些人所具备的勇气天赋被认为大于这个理论平均值，那么他们可以被认为

图8-1　高级管

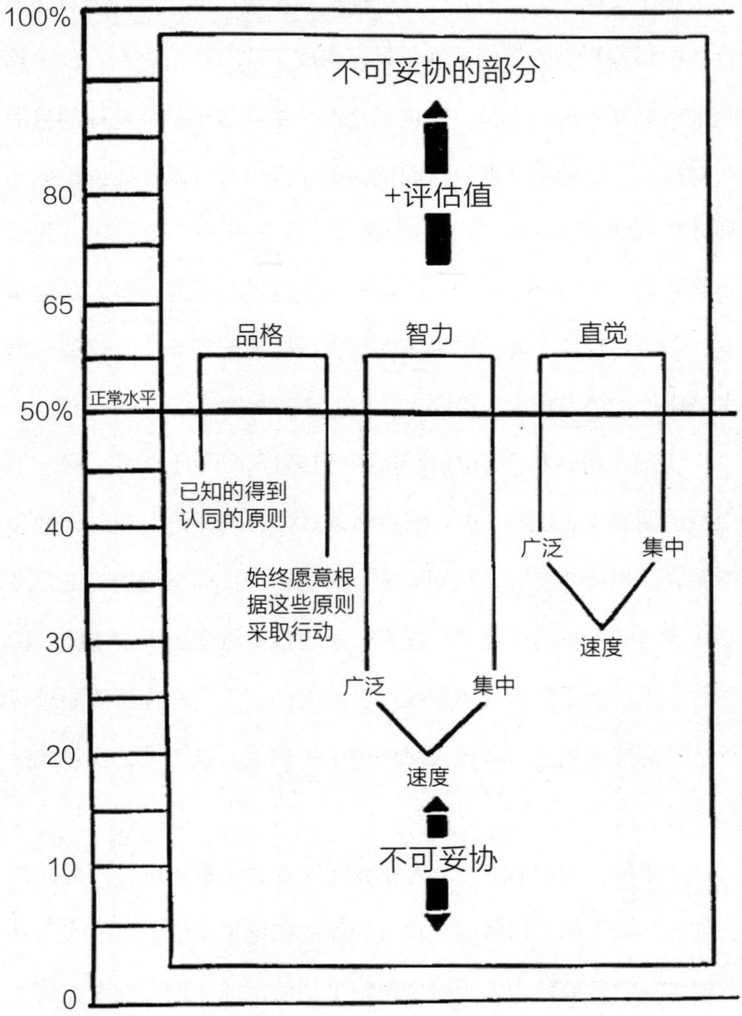
100%
80
65
正常水平
50%
40
30
20
10
0
不可妥协的部分
+评估值
品格
智力
直觉
已知的得到认同的原则
始终愿意根据这些原则采取行动
广泛
集中
速度
广泛
集中
速度
不可妥协

理人员评估图

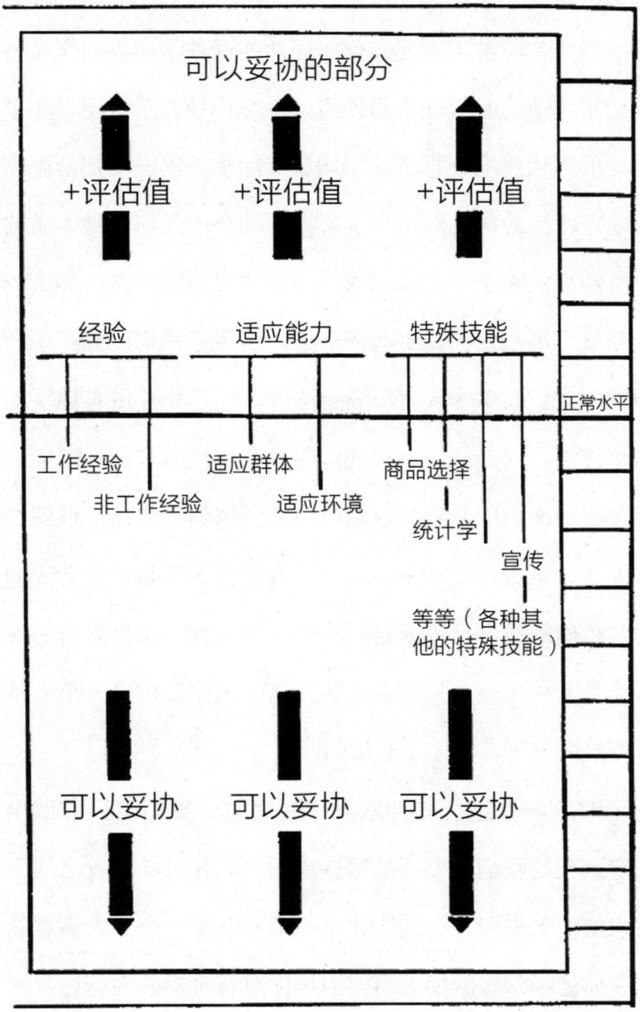
可以妥协的部分
+评估值
+评估值
+评估值
经验
适应能力
特殊技能
正常水平
工作经验
非工作经验
适应群体
适应环境
商品选择
统计学
宣传
等等（各种其他的特殊技能）
可以妥协
可以妥协
可以妥协

高于平均水平，而那些勇气天赋被认为是小于这个理论平均值的人则被认为低于平均水平。对于你正在考虑的那些人，你可以决定评估他们的哪些素质，但无论你评估的是什么，画在50%这个位置上的线始终都将被用来代表你所评估的这种素质人们所具备天赋的理论平均值。我们在这里使用50%纯粹是为了方便。如果要达到一定的精确程度，真正的平均值实际上必须设定在稍微高于50%的地方，因为很显然一个正常人所拥有的任何一种素质的天赋都不可能真的等于零。如果我还想努力更精确一些，那么我就应该把刻度范围设定为从20%到95%，然后把平均值放在这个范围的中点，也就是57%或者58%的位置。但是我并没有把平均值放在这个位置，而是放在50%的位置，我这样做有两个原因：将平均值放在中间点的位置，这是一种视觉惯例而且易于理解；另一个原因是，至少在我看来评估一个人的素质不是一个精确的数学过程。精确的数学符号能真正代表一个人具备某种素质的程度，这完全是无稽之谈。只有在你认为数学尺度仅仅是一个不精确的近似值的情况下，它才是有用的。

在决定对应聘者进行哪种素质评估之前，我们可以先做出这样的决定：无论我们将要评估哪些素质，画在50%位置上的平均线所代表的毫无进取之心的庸才水平都不会是一个令人满意的起评点。在你已经掌握的相关事实引导你对有希望的人选进行评估之前，将所有素质的期望值都放在略高于天赋平均值的位置，这对你而言将是很合理的做法。因此你会发现，图表中在接近65%的位置画着6条较短的水平线。我再次提醒你这并不是一个精确的计算：65%仅仅是指比用来表示平均值的50%素质更高一些。

现在来讨论一下我们将对应聘者进行评估的素质。如你所见，图表中列出6种素质：品格、智力、直觉、经验、适应能力以及特殊技能。在选择和命名这些素质的时候必然会带有主观性。为了保证用它们进行评估的可行性，你必须至少理解它们代表的意思是什么。图表中的每种素质都被细分为两个部分，下面各标注了定义。品格首先被定义为个人已知的得到认同的原则。这意味着在面试应聘者的过程中，你必须知道这个人的原则是什么，而且你必须确定他的原则你是认同的。你肯定也认识这样一些人，虽然他们拥有完美无瑕的崇高原则，但不幸的是，他们并不能始终践行这些原则。因此我们对品格完整的定义不仅要保证这个人必须具备得到认同的原则，还要表现出始终践行这些原则的意愿和能力。

下面我们再来讨论图表中衡量智力水平的两种指标。按说我在解释这张图表的时候有必要细致而清晰地阐明智力和直觉之间的区别。而你已经读了这本书前面的部分，我认为只需要简单地把“智力”这个词换成表达清晰而且能进行有意识地推理，你就完全明白智力和直觉之间的区别了。当然，直觉指的是无法阐述的潜意识的过程。图表中这两种素质都被细分为广泛和集中。集中指的是一个人可以沿着一种特定的、限定的思路进行相当长时间思考的能力。另一方面，广泛指的是能沿着多种思路都进行一段有效时间的思考。而图表中还为这些指标提供了一个公分母——速度。这是因为有些人的智力水平使得他无论是有意识还是无意识，无论是集中还是广泛，都能很好地思考，但尽管如此，他们得出最终结论的速度实在是太慢了，以致等到得出最终结论的时候，大多数情况下寻求问题解决方案的时机早就已经过去了。在实用性商业艺术中，必须对思考速度这个因素进行衡量。

接下来的一个因素是经验，它被分为工作经验和非工作经验两部分。非工作经验指的是，由所有背景、环境以及经历所构成的一个人的经验总和。

适应能力的定义被分为两种：适应群体和适应环境。

第6个因素是特殊技能，这是一个大范围的多功能概念，可以将一系列你有可能想要评估的专业技能或者天赋全部包括在内。可以考虑加入这样一些技能，例如宣传天赋、统计天赋、造型天赋、有序利落地安排工作的天赋等等。

这个图表的一个重要特征是分为左、右两个部分。左半部分包括前三种素质，并被标记为不可妥协的部分。右半部分包括后三种素质，并被标记为可以妥协的部分。在左半部分你可以看到代表评估值加分的向上的箭头，表示这三种素质的评估值若高于65%可以获得加分，但是没有向下的箭头，因为这三种素质的评估值若低于65%的水平都是不允许妥协的。而另一方面，在右半部分你可以看到既有代表评估值加分的向上的箭头，也有向下指向零值的，因为右半部分已经被指定为可以妥协的部分了。你应该记得我们开始考虑人员选择问题时曾经提到过，从这个问题的本质上来说，所有的人员选择都是一个妥协的过程。除非你明确而且强烈地意识到你正在做出的妥协是明智的，否则你不可能做出明智的妥协。确保你能意识到这一点也是设计这个图表的目的。

我来描述一下我在面试高级管理人员应聘者的过程中和确定人选时经常碰到的事情，然后我们将此与使用上述图表将会面临的情况做一个比较。如果没有使用图8-1，那么经常会发生下面这样的事情。

负责这件事情的一名高级行政人员找来了6名应聘者，并单独对他们进行了面试。如果他是一名尽职尽责的高级行政人员，那么他会用5至20分钟来进行每一个面试。80%的面试时间可能会用在了解应聘者履历上的工作经历，另外20%的时间通常会用于试图弄清楚这样一件事，即申请人具备多少高级管理人员这个职位所需要的特殊技能。如果这名高级行政人员用一种与众不同的“人事思维”来进行面试，他可能会用10%的时间来了解应聘者的工作经验和非工作经验。如果他极为仔细的话，他甚至可能拿出10%用来了解特殊技能的时间用来了解一些关于应聘者的适应能力的情况。

现在请记住，图8-1上有12个项目需要评估，但是在很多商业性的面试中只会去评估这12个项目中的2项，而更多做得比较好的面试也只不过是扩大到了4项。你可以看到，正确理解图表上那些因素将会使高级行政人员的面试过程变得充实、丰富。

我想我现在应该先明确指出一点，如果面试变得死板僵硬或者明显受限，那么这样的面试就没有任何好处。哪怕是技能很普通的面试官，应该也能够借助一个完全非正式的谈话来获得关于图表中所有12个项目的信息，同时不会让应聘者感觉到他是在回答调查问卷而不是在聊天。

如果面试官只是去评估了这12个项目中的2项或者4项，那么他的分析显然是不完整的，除了这句话也没有什么别的能进一步指责他的面试方法了。然而，假设他是一位非同寻常的面试官，实际上他已经记住了图表中与高级管理人员评估相关的所有

12个项目。如果不使用图表，他会怎么做？他可能沉迷一套脑力体操，而这种脑力体操的难度实在是太高了，以致普通大脑完全不可能从这种脑力运动中得到任何恰当的答案。考虑一下他到底想做什么。他试图对12个项目中的每一种都单独进行数学上的评估，然后给这些项目单独赋予特有的权重，再计算出所有这些项目的加权算术平均值。我们之前提到过，如果有人问你645792除以3472等于多少，你最好用长除法来回答，而不是求助于你的潜意识。这名面试官面临的也是同样的情况。是否有很多人的智力水平都能够仅使用直觉来得到这种问题的正确答案，这一点是很值得怀疑的。但可以肯定的是，当你使用一个简单图表就能实现类似算术中的长除法的过程，可以轻易地自动得到这种问题的正确答案时，那么用直觉来处理这种问题是没有任何好处的。

关于图8-1的使用方法先说到这里，现在我们来挑战一些假设情况。我是经过怎样的推理才选择了这6种特定的素质而将所有其他素质都排除在外的呢？之所以选择这6种素质是因为它们是我所知道的衡量欲望、思考和行动的几个基本因素的最简单的分类，而这几个基本因素就是我们衡量每个应聘者的时候想要知道的信息。我用这种特定的方式定义它们，一方面，是因为这是我在遵循经典的分类规则所能想到的最符合实际的妥协；另一方面，也是为了保证使用这个图表的人比较容易理解。和所有的分析一样，这个图表也是不完整的。例如，它并没有试图去衡量健康因素。大多数商业性面试往往都会合理地考虑健康因素，如果担心在面试的时候会忽视这个因素，那你完全可以在这个图表中添加健康因素这一项。你可能会说："那么领导力这种素质呢？"我的回答是，领导力根本不是一种素质，领导力是由多种素质组成的一种复杂构造，而且我认为在对个人进行评估的方法中，最常见的错误莫过于将领导力作为一种个人素质并试图进行评估。领导力是我在图表中标明的那6种素质在多种原因相互作用下产生的效果，而且我顺便说一句，这6种素质也并不是领导力产生的全部因素。我想如果你能比较宽容地研究这个图表，寻求理解而不是吹毛求疵，那么你那些关于图8-1失实、有重叠或者遗漏某些评估素质的问题，就会得到满意的答案。至少我希望如此。

然而，这个图表中还有一个基本假定，我希望你能提出质疑，然后我来回答你的疑问。你要提出的问题是："你凭什么主观地将左半部分的三种素质指定为不可妥协的部分，而将右半部分的三种素质指定为可以妥协的部分呢？"我来向你说明，我花了很长时间在脑海里仔细回顾了我曾经亲自观察的数百个高级管理人员的面试过程，再加上我没有亲自观察但也了解部分情况的数千个案例，这些数字毫不夸张。在我所回顾的全部案例中，只要是在我看来比较令人满意的那些人员安排，我都无法想起任何一个在不可妥协的素质上做出了妥协的例子。另一方面，我还知道，在好几十个很成功的人员安排上所做出的妥协都是限定在某种可以妥协的范围之内的，而他们确定的那些妥协范围都包括我们这个图表中右半部分的三种素质。让我来引用三个戏剧性的案例来说明一下，不过我要隐去真实的人物姓名，改用虚构的名字：

X先生四十岁左右，多年以来他都是某个非商业领域中一名成功的高级行政人员。他决定尝试转到商业领域发展，并成为某个大型公司的一名高级主管。X先生这个人是在工作经验这个因素上一直可以妥协到零值的代表。他在这个图表左半部分的评估中获得了非常高的加分。他很快在商界取得了卓越的成就，并从那以后一直都保持着这种成功。在X先生的案例中，妥协一直降到了零值，但这是在可以妥协的范围内，而且这个人员安排相当成功。

我想说的第二个案例是Y先生，他也是一位品格和智力水平都很出众的人。当我第一次见到他的时候，他是我见过的所有在商界身居要职的人之中，我认为与他和睦相处或者一起共事是最令人无法忍受的。我这么描述恐怕都算是保守的说法。他是个令人难以置信的人。就像实在难以与他和睦相处一样，他做了一份别人难以做到的工作，一份非凡的工作。另外，Y先生智商很高且直觉能力出众，能在一段时间之内认识到自己这种无法与人相处的性格产生的阻碍是多么严重和毫无必要。他有改正自身不足的能力，后来他成了一个大型企业的总裁，他的下属不仅很喜欢他，还非常爱戴他。Y先生是一个人员安排的成功案例，因为他尽管在适应群体这一点上是一种接近于零值的暂时性妥协的代表，但是他在图8-1左半部分的评估中所获得的非常高加分完全足以抵消在这方面所做的牺牲。

第三个案例中的Z先生同样是一个令人很感兴趣的研究对象。Z先生是一名高级销售管理人员。如果有一种特殊技能通常被认为是一名高级销售管理人员必须掌握的技能，那就是所谓的产品感觉——对产品的视觉效果、线条、色彩以及设计的敏感度，而一件东西是漂亮还是难看正是由这几个元素所决定的。然而Z先生不但丝毫没有这种敏感度，而且还通过不断地解释和说明自己非常缺乏这种敏感度来向同事们表达自己对他们的赞赏。我无法想象在一项如此重要的特殊技能上还会有比Z先生这样更彻底的妥协。他也是一个成功的人员安排和适当妥协的代表，后来他也是一个大型企业的总裁。即使我是用虚构的人物姓名来写的这些案例，我仍然觉得这些都是不错的案例。我非常想把这些人的真实姓名告诉你。你应该会认识这几个人。只是有一种这么做不合适的感觉始终挥之不去并最终阻止了我，但是我可以向你保证这些都是真实案例，就是这么戏剧性，而且如果我能做到满足你的好奇心说出真实姓名，那就更有戏剧性了。

我最初设计这张高级管理人员评估图在很大程度上是为了自我保护。有一段时间，我在为各种不同的高级主管职位而忙于面试大量应聘者，我不得不承认，那时我做出决定的方法上所存在的欠缺是不可原谅的。另外，我还进行了一系列的人员选择，然而我根本无法承担在这些选择上频繁犯错的后果。需求创造方法，然后由实践来检验它。我将这张图用在我自己的工作上，效果是令人满意的。过了一段时间之后，我将它发送给了公司的高管，同时加上了一个附注，内容如下：

我必须将这张图发送给你们，因为我发现它有助于阐明我自己对高级主管职务未来候选人的评价。我曾经考虑过将这张图中所使用的术语的定义，连同所涉及的基本理论以及如何应用的详细解释也一起发送给你们。我后来之所以决定不这样做有两个原因：第一，因为我相信其中大部分内容都是不证自明的；第二，我担心这些解释会涉及过于冗长的长篇大论而达不到便于使用的效果。

然而，我还是要强调三个关于这张图的重要事项：

1.设计这张图的目的是基于有限的数据对应聘者未来的表现进行预测，但是它不能替代我们之前使用的高级主管人事审查卡这个方法，然而在考虑公司内部人员晋升的时候，这张图可以作为人事审查卡的补充内容。

2.这张图是一种用来评价应聘者的工具，并不能代替对他们的评价。

3.这张图只是提供了另外一种机械性的手段，希望能对一部分人有所帮助，但是不建议将它作为一种评价高级管理人员的不可或缺或者唯一有效的手段。

从此，我们收到了很多公司希望得到这张图的请求，而且还有大量各种各样的团体请我去解释这张图的使用方法。到目前为止，它似乎是经受住了时间的考验。还没有人能证明这张图中的任何一个设想是错误的，而且很多人告诉我这张图有助于他们更好地思考挑选高级主管这个问题。于是，这更加促使我相信它确实代表了思考可以恰当地应用于商业问题的某个特定领域。

我们曾经提到过，对高级行政人员来说，人事问题是一个至关重要的问题，而解决这个问题第一部分是人员的选择。第二部分是合适的职位安排。如果你的公司里有100个高级主管职位，你可以认真地挑选出100个胜任这些职位的人才，但尽管如此，你对他们的职位安排还是非常不恰当，而这种情况会在很大程度上挫败你成功解决第一步人员选择所获得的成就感。这涉及两个问题，而且有大量的文献都是关于这两个问题的——一个是组织结构图的问题，另一个是所谓的人为因素问题。这些都是令人很感兴趣的问题，而且有能力的高级行政人员应该充分理解这些问题，但是我现在不能占用篇幅去研究它们。

我们现在来讨论人事问题的第三部分。如果你是一名高级主管，你已经挑选了合适的人才，然后为他们安排了能融入企业的合适的职位，那么还需要做什么事情吗？你必须对他们进行指导、激励以及培养，使他们能够在最短的时间里最大限度地认识到他们在各自的职位上做出贡献的能力。那么这是通过怎样的过程做到的呢？这是一个问题，严格来讲，这是一个有关成人教育的问题。如果整个商界都能像这样认识到这个问题，并同样把它归类于成人教育问题可能会更好。如果像这样归类，那就有可能会促使企业高管将他们公司正在进行的成人教育过程和其他地方的任何一种教育过程进行比较。这种比较的结果应该会让人感到安心。

对美国一些高等学府里流行的某些教育过程而言，尽管我持有批评态度，但我必须承认这些教育过程还是远胜于商业领域中实行的类似教育过程的。商业领域中最常见的成人教育过程可以描述为渗透过程，提出这一理论的人勇气可嘉，这种渗透过程意味着有潜力的高级主管能够从骨子里吸收商业教育。如果某个公司沉迷于高级主管培训，那么最流行的做法就是试着将一位优秀的年轻人安排在一位年长的成功人士身边担任助理的职务。我推测，这么做是想让年轻人了解到这位年长的成功人士的日常工作习惯，然后这位年轻人就会通过我们刚才所提到的那个不可思议的渗透过程充分吸收上司的经验，从而最终自己就能独当一面并做到同样的事情。站在教育的角度来看，这是一个相当可悲的理论。我写这本书的主要目的之一就是试图为此提供一种补救办法。商界的高级主管可以学习更好地思考，而且在学会了之后，他们之中至少有相当一部分人可以来教授更好的思考方式，但绝不是通过渗透过程。

另外，我认为还要分析一下高级行政人员的问题优先级排序这个问题。然而，我估计与我们刚才分析的人事问题相比，这个问题的解决方案更不容易被接纳。既然如此，我只好向你指出，人事问题和问题优先级排序问题，你的面前摆着两个基本问题，这两个基本问题构成了对高级行政人员主要的智力挑战。我发现这是一个可以用来强调我认为是不证自明的另外两个事实适当的时机：第一个事实是处理人事问题和问题优先级排序问题对于一个人的重要性和这个人是否在商业领域任职有关，这一点值得进行最细致的研究；第二个事实是当一个人在任何一个合作型企业中晋升职务级别的时候，需要他不断提高有意识推理这一技能，而且这一点他是无法逃避的。

第九章　思考在宣传和公共关系中的应用

宣传是一门艺术，而不含令人费解的奥秘——宣传是可以用普通分析来推理的——广告方法的谬误——广告的外在表现以及“商店风格”的创造——令人满意的商店风格的10个要点——艺术技巧——广告文案的奥秘——文案的定义——广告媒体的选择和使用——公共关系和宣传

众所周知，宣传是一种艺术性的冒险，也有其内在的奥秘。广告视觉部分的创作与版式设计和插图有关，乍一看，这个观点似乎是正确的。充满灵感的文案、一些令人愉快的词语搭配，这些成分组成的广告作品使读者难以抗拒广告文案撰写人所建议的行动方案，这似乎也证明了上面的理论。围绕着广告文案和艺术作品去促使创意的诞生作为第三个至关重要的过程，进一步证实了广告是一门艺术，而不是科学。但这并不是说，它作为一门艺

术不会受到普通分析过程和某些基本指导原则公式化规定的影响。创作悲剧剧本同样也是一门艺术，但这并没有阻止亚里士多德写一篇文章来描述艺术应该践行的原则以及可以衡量艺术的原则。这是一个重要问题，而且我希望详细阐明这个问题。

当我刚进入商界时，经过最初一段时间的培训之后，我进入了销售领域。我从这个领域熟练的从业者那里得知，商品推销是一门艺术，也有其奥秘。可以肯定的是，有些普通的工作技能是可以通过学习来掌握的，但有些则不是，例如对商品的真实感觉，据说这样的才能是一种天赋。我被告知随着时间的推移我就会发现，或者更准确地说，别人会帮我发现，我是否具备这种天赋。如果我不具备这种天赋，那么我就没有足够的能力顺利进行销售实践。我还被告知一种精明的、现实的价值观，尤其是可变通的价值观，是成功商人的天赋才能中不可或缺的一部分。即使我具备了第一个条件，但似乎并不具备第二个条件，所以我注定要失败。根据我在销售领域中好几年的实践经验来看，我确信这些理论显然在很大程度上是错误的。稍后我将向你解释为什么有人坚持这些理论，以及为什么它们是错误的。

后来我离开销售领域，转而进入了经营管理领域，当我正处于过渡时期的时候，我得到了一个忠告。有人告诉我，成功实践管理艺术的前提条件是必须具备某些神秘的天赋才能。也有人说，要想在管理上取得成功，必须具备一种非常特别的才能，在与人打交道时感知别人的反应，要运用这种第六感来提升团队士气和发扬合作精神。另外，还需要一种仔细分析所运用的方法中存在的问题的非凡能力。这种能力也被视为一种以简单有序的方式来规划复杂工作的不同寻常的天赋。对我来说，这些并不是管理领域中的全部奥秘，我认为只是一种公平的抽样而已。我在管理部门工作了许多年，发现这些陈述显然在很大程度上都是不真实的。

我离开管理领域后，转而进入了宣传领域。这个领域堪称其中蕴含“奥秘中的奥秘”。曾有人向我描述过销售和管理领域的小奥秘，但是它们根本不能与下面这些宣传领域中真正的内在奥秘相提并论。极少有人能真正理解宣传。那些天生就具备这种理解能力的人是如此幸运，他们来到这个世界上的时候就拥有这样的天赋，而他们日后在人生中所获得的一切只不过是稍微发挥了一下他们所具备的才能。有些人能够撰写文案，有些人善于版式设计，还有些人的头脑中装满了优秀的宣传创意，而极少数天赋异禀的罕见人物能够同时拥有这三种天赋——这三种技能都是他们所擅长的。这就像天生长了红头发一样，你要么长，要么不长，在这件事情上你绝对毫无任何办法。我听到过很多具有破坏性的胡言乱语，我认为上述这种对宣传的理解是最不能接受的。

在我看来，在销售领域中并没有什么不可探知的奥秘，在管理领域中也没有，在宣传领域中同样没有奥秘可言。

我说过我会尝试告诉你为什么有人坚持这些观点，以及为什么它们是不真实的。据我所知，坚持这些观点的人都是该领域的从业者，他们有两个充分的理由这么做。首先，大多数成功的从业者都是凭直觉行事，从来没有将他们的思考过程提升到语言层面。他们在错误地告诉你这些奥秘的时候，其实是非常诚实的。这些的确是奥秘，但只有从这样一种意义上来说才是如此，即人们甚至在践行奥秘的时候也从未向自己解释过这些奥秘。并不是这些奥秘无法解释，只是没有得到解释而已，这是非常明显的事实。

我认为这些人借口坚持这些观点的另外一个理由恐怕相当不厚道。如果你在某些事情上做得很好并以此作为谋生之道，那么坚称你能做好这些事情有其中的奥秘并且无法解释，是完全符合人类特性的行为。如果可以被解释，并因此被其他人学会了，那么你自身的市场价值可能会急剧下降，你的自尊心肯定也会受到伤害。我不知道我说的第二个理由有多普遍，但我可以向你保证，我见过大量例子，我十分确信那些人就是这么做的。如果你停下来仔细思考一下，无论你能想起多少个这种类似的例子我都不会感到惊讶。

我答应过会向你指出我认为这些观点在哪些方面是错误的，而且我之前也采取了谨慎的说法，并没有说它们是完全错误的，而是说它们显然在很大程度上是错误的。在前面的章节中，如果你还记得的话，我们曾注意到直觉能够解决某些明显无法用逻辑解决的问题。在销售、管理以及宣传这三个领域的艺术性实践中，只要涉及只有通过直觉才能解决的某些超出逻辑范围以外的问题，那么那些充满奥秘的理论至少在某种程度上是可以成立的。这种理论中不能成立和带有破坏性的部分在于对超出逻辑范围以外的问题的数量过于夸大。这种夸大被逻辑学家称为“外推”，我想我应该暂时离题片刻来向你解释一下这个很有用的术语的含义。

形式逻辑的基础是“如果……那么……”这种推理形式，它可以用图形来表达。你可以在一张坐标纸上画一条较短的斜线。然后问问自己：“如果我将这条线延长15厘米，那么它会在哪一个点上停止？”用一把刻度尺沿着这条线再画一条15厘米长的直线，你就可以确定这个点的确切位置。这样作图的含义等同于用文字来表达，如果一条线段沿着给定的方向在同一平面和同一方向上继续延伸15厘米，那么这条线段端点的位置就可以确定。然而我们假设最初的那条线随意一看似乎是一条直线，但实际上它是一个非常大的圆形的一小部分圆弧。在这种情况下，虽然这条线看起来应该是直线，但我们知道它实际上是稍微弯曲的，而且如果这个圆是标准的圆，那么这条线的方向就会不断改变，就像用圆规画圆一样。外推类谬误就是把这样的曲线当作一条直线的谬误，并声称如果将这条线继续延伸一个给定的距离，那么它就会到达某一个点，用一把直尺沿着这条线再画一条直线，就可以确定这个点的确切位置。这类谬误属于归纳谬误，之前以另一种方式已经讨论过，我们当时提到过个案数量不足可能会导致错误的归纳概括。在我刚才使用的图形例子中，你可以通过沿着那条线测定出足够多的点的位置，来获得丰富的案例，从而使你能够确认那条线实际上是一条曲线，而不是一条直线。

对于在商业领域中故弄玄虚的那些人而言，他们所犯的逻辑谬误同样是外推类谬误。因为事实上这些人格外专注于通过直觉解决少量他们外推的超出逻辑范围以外的问题的突出案例。他们假想该领域中任何有效的解决办法都必须通过同样的方式来获得。正如我到目前为止所了解的那样，从数量上来说，在商业领域中大多数重要的问题都是在逻辑范围之内的问题，而不是超出逻辑范围以外的问题，从定性上来说同样如此，这是非常明显的事实。

对于这个概念的重要性，无论我怎么着重强调都不为过。商业人士正在努力解决的问题在很大程度上都很容易受到一两种我们在这本书第二部分中讨论过的那些能够被理解和掌握的分析形式的影响。我在这一章中特别强调这一点，因为我们在这一章中研究的是商业中能最成功且持久地实施“欺诈行为”的阶段。请不要误解我的意思。有些诚实的广告业人士不会故弄玄虚。但也有一些出色的广告业人士会演绎各种“奥秘”。我要说的是，即使你欣赏这些奥秘，而且接纳它们、支持它们，但是宣传艺术的主要部分仍然继续存在，而关于这些主要部分的问题都可以通过分析来解决。

进入宣传领域的时候，我没有任何相关的经验，但已经开始对存在奥秘这一点产生怀疑。不过有一点我深信不疑，那就是每个领域都有它自己特有的实用的技巧，而且对这种技巧的理解是在一个领域中成功工作的必要条件。我认为应该先咨询一下我认识的那些事业成功的广告部门的高级主管，请他们告诉我广告业的技巧，我花了相当长的时间去咨询这些人，希望能发现我想要的技巧。他们非常乐于助人。这些人之中的大多数都是极为健谈的人，但是他们并没有给我想要的答案。我相信这是因为他们没办法回答我的问题，而不是不愿意。他们的成功靠的是直觉。他们每个人都把自己在广告业中所践行的准则相当详细地告诉了我，但这些准则都是与现实脱节的，没有什么实际意义。因此我被迫得出了这样的结论：正如他们所谓的那些准则所解释的那样，他们认为自己做了什么事情和实际上做了什么事情以及实际上践行什么准则，这根本就是两回事，所以我无法从他们那里得到任何帮助。

我无奈地决定，如果想对广告业背后真正的准则有所了解的话，我就必须在书本中而不是谈话中寻求答案。我从那些对此最为了解的人那里收集了一大摞关于广告技术的书籍。为了弥补我的不足，我翻遍了这些枯燥的大部头专业书籍：版式设计方面的书、广告文案方面的书、媒体选择方面的书等等。我阅读这些书籍所获得的回报远远少于我和那些人谈话。他们至少都很聪明，而且也很有趣，而这些书落伍且充满学究气。当发现既不能从别人身上也不能从书中获得我想要的启发时，我选择了似乎是明摆着的第三条行动路线。我告诉自己："就算最有经验的广告业人士既不能在谈话中也不能在书中阐明他们自己的广告业准则，但是我可以自己进入广告业去实践，同时阐明我自己的准则。可能我会以失败而告终，但我是败于一个自己始终坚持的基本原则，而不是像有些人毫无追求得过且过，至少在这一点上我会得到小小的满足。"

于是，我踏上了一场激动人心的冒险之旅。我很清楚，指导我自己在广告业中实践的准则，也即我提出的准则都可以说是最新的准则，同时也可以说并不是最新的准则。可以说是最新的准则，是因为到目前为止我能够找到的广告业准则没有一条算得上是名副其实的准则。也可以说并不是最新的准则，这是因为如果我提出的准则正好是那些依赖直觉的从业者长久以来断断续续地用来谋生的手段，那么他们就会认为我提出的准则不过是以前就有的东西。

我沿着这些思路解决的第一个问题是百货商店登在报纸上的广告的表现。当时我面临一个紧急问题：我迫切希望广告质量在我的监督之下能够尽快提高。在这件事情上有几个合适的发力点，但根据我确定的问题优先级排序原则，我决定首先考虑外观，接着是广告文案，再接着是媒体选择，我被迫将广告传递的信息这个根本性的问题排到了最后一位。因为真正的问题是尽快从实质上改善广告的表现。

在实践那些我希望阐明的准则之前，我必须事先做一件事，即保证我身边的人都是专家级的技术人员——他们能够完成必要的工作，而且具备较强的适应力，这样他们就会愿意遵循我们将要阐明的那些准则来履行他们的职责，即使这些准则可能会与他们以前的做事方法有所不同。

这些人员一到公司，我们就立刻举行了第一次会议。我向他们解释说，我对广告业一无所知，但是我希望下面这几点可以成为改善广告表现的有利因素。我一直无法从其他人身上或者从书籍中得到帮助，在我看来，制定自己的准则似乎不可能造成什么损失，因为我们无法从其他人那里得到这些准则。我建议我们立刻开始工作。

我告诉他们，我们将从广告表现的问题开始着手，而我想探讨的第一个问题是，在改变广告表现时，我们是否应该建立一种广告圈中所谓的商店风格。这种商店风格应该是大家一致认同的，能够展现商店特有的风采，从而使广告受众在不经意的一瞥之下，甚至在看见商店的名字之前就知道眼前的广告很明显只可能出自于某个特定的商店，而不可能是别的商店的广告。商店风格的不足之处在于单调乏味和缺乏灵活性这两个方面。而一个拥有某种风格的商店的优势也在于两个方面：第一，彰显有价值的个性；第二，在商店的广告受众中间建立一种习惯性认知可能会带来的效益。关于这个问题我们进行了广泛的调查，然后得出了结论：具备商店风格的商店的效益都比较好。于是，我们自然而然地要来讨论“是什么风格”和“如何塑造这种风格”这两个问题。

在塑造商店风格工作的开始阶段，创建一个理论要求清单似乎是明智的做法，任何一种商店风格都必须符合这些理论要求才能被接受。因此我们开始创建下面这个清单。你会发现，我们完全是通过一种小儿科的方式来创建的，然而这样做本来就是理所当然的事情。事实上，我们就是在讨论如何塑造一种简单的商店风格。下面就是我们创建的清单。

一种令人满意的商店风格必须满足以下要求：

1.一种令人满意的商店风格必须是与众不同的，因为塑造一种商店风格的目的之一，就是把一个商店的广告表现与这个商店的受众会看到的所有其他公司的广告区分开。这个首要条件是显而易见的并且是恰当的出发点。

2.一种令人满意的商店风格必须是更好的商店风格。这是一个更加微妙的观点，尽管根据我的经验来看，当这个观点第一次被提出的时候，它听起来很愚蠢。已经有相当多的广告商认识到，与他们的竞争对手之间存在差异是一种有利条件。在那些为了实现这种差异而倍感焦虑的人之中，有相当一部分人凭借更糟糕的风格成功地实现了与众不同。我们倾向于怀疑与众不同是否可以作为一种绝对的优势，以便足以证明这种解决方案确实是合理的。关于某个商店凭借更糟糕的风格成功地实现了与众不同，我来为你举一个我认为非常恰当的例子。几年前，有一个公司渴望变得与众不同，这一点本身是值得赞赏的，但这个公司决定通过使用一种其他广告商都没有使用过的字体来实现这一目的——一种典型的打印字体。他们使用了这种字体，并且从那之后也一直断断续续地使用着。这些事情都是存在分歧的，而我的观点是，这个商店正好落入了我们决定要避开的陷阱。其凭借更糟糕的风格成功地实现了与众不同。这种打印字体非常容易辨认，但从设计优秀字体的规范来看，这种字体既丑陋又不吸引人，总而言之是一个字体设计的不幸案例。我还没有听到过任何一名优秀的字体设计师认为这种字体有什么优点。

另外，还有一个商店也决定通过字体来确保在视觉上的与众不同，并且他们选择了一种不那么令人讨厌但仍然有些不伦不类的修改版字体，原版字体最初是由字体设计师弗雷德里克·威廉·高迪所设计的一种字体。不过这个商店虽然犯了错误但至少有一点很幸运，一位诙谐幽默的评论家对这个商店选用的字体发表了这样一句评论："整齐但绝非高迪式的字体"，因此给大家留下了不可磨灭的印象。

3.一种令人满意的商店风格必须非常灵活。百货商店的广告表达的信息五花八门。男性用品、女性用品、儿童用品以及家庭用品等等，商店对这些商品都要做广告，用定期以折扣价销售一些品种的商品这种形式来做广告。所有这些内容上的变化都要求广告设计必须具备多样性。所以只有足够灵活的商店风格才能适应这些变化，并以适当的形式展现出各种不同种类的信息，这样可以实现理论上的个性化优势，但不等于一定会带来实际价值。然而广告的最终目的是为了产生效益，同时这也是最终用来衡量广告的唯一标准，对于那种具有艺术性思维的广告业人士来说，这或许是一件很遗憾的事情。还有另外一个原因也要求每一种令人满意的商店风格都必须非常灵活。作为商品的供应者，商店其实是公众的采购代理人。所以商店应该对他们所服务的群体不断变化的状况和需求保持敏感，除非一个商店时常向公众展现出一些其正在营业且不断变化的便于联系的表达方式，否则公众很可能会认为这个商店已经不存在了。而公众对商店抱有这样的看法，对任何一个商店来说都是绝对不愿意看到的事情。因此，任何一种令人满意的商店风格所包含的要素都要服从这样的规则：在始终合理地保留基本的商店特征的同时，应该在细节处理上每年都做出一些改变和更新，目的是从视觉上证明商店在持续营业以及时不时地改变一下展示商店形象的方式。

4.一种令人满意的商店风格应该充满活力，而不能有气无力。这个要点似乎相当合理。假设有个人找到你，向你推销一份杂志，或是一份人寿保险，又或者是一种新型药膏。如果这个人看起来似乎身体虚弱，而且根本无法用坚定有力的话语来表达他的请求，那么我自然会怀疑你是否会做出一个令他满意的回应。我想即使他表现得充满活力，恐怕你也不见得会答应他的请求。他可能表现得太有活力，甚至有点咄咄逼人；他表现出的活力可能恰到好处，但是他推销的产品并不合适，或者因为各种别的什么理由，你都有可能拒绝他的请求，仅凭活力并不能保证成功。我的意思是缺乏活力极有可能导致失败。

5.一种令人满意的商店风格应该简单，而不是复杂。我不准备在这一点上进行过多的阐述。我想说的是，虽然简单事物的吸引力并不总是很容易就能形成，但是在大多数情况下，对简单事物的吸引力有所反应的人比对复杂事物的吸引力有所反应的人更多。复杂事物的吸引力往往会互相产生一些干扰，而简单事物的吸引力往往可以避开这些干扰。

6.塑造一种令人满意的商店风格的花费必须控制在合理的范围之内。花费巨资去买一种不划算的高级商店风格，这绝不是什么好主意。即使花了一大笔钱，你可能还是得不到你想要的商店风格。然而真正的麻烦比这还要严重得多。因为广告只是一种零售分销过程中的附属品，如果你的广告做得极为出色，但是广告的费用耗尽了公司的财力，那么你这个公司肯定会没钱继续为公众服务，要么就没钱去做广告。

7.一种令人满意的商店风格应该可以使具体实现这种风格的设计师能够受到启迪。可以想象一下，你可能会设计出一种风格并采用了这种风格，它符合我们已经列出的所有其他理论要求，但是这种风格驾驭起来如此困难，以致从任何实用目的来看，它都是毫无价值的。

8.一种令人满意的商店风格应该可以通过生产相关物品的机器来实现。如果你喜欢这种说法的话，上面第7条中所提到的设计师就是人体机器。但是在这里我所考虑的是物理机器——印刷机以及要印刷的纸张的种类。现代化的快速印刷和廉价纸浆制成的报纸用纸都不能进行真正的精细印刷，所以如果你采用的是一种用于报纸广告的商店风格，那么它的精髓一定不能含有那种不能在机器上印刷和复制的精细细节。

9.一种令人满意的商店风格应该与商店传播的个性特征和受众的需求相协调。西尔斯·罗巴克公司和卡地亚公司需要不同风格的广告恰当地反映出它们各自的个性。同样，美国纽约州和北达科他州的受众有着完全不一样的需求，这就要求你必须用完全不同的广告形式才能真正满足这两个群体的独特个性需求。面对这个问题，全国的广告商都被迫去寻找最小公分母，也就是能同时吸引纽约州和北达科他州受众的某种风格。仅在一个有限地区经营的商店保证它传播的信息更贴近当地受众的需求时，它在调整信息的呈现方面有着很大的余地。

10.一种令人满意的商店风格应该是持久的。随着越来越多的受众对某个商店个性化风格的识别度越来越高，这个商店获得的效益就会不断增加，如果人们认为这个观点是对的，那么持久的商店风格就是一个合理的要求。也就是说，无论商店采用哪种风格，都会在几年之内一直使用这一风格，以享受这种不断增加的效益，这也是最初采用某种商店风格的主要动机之一。

以上就是我们完成的商店风格的理论要求清单。因为这个清单和所有的分析一样都是不完整的，所以它也称不上是详尽无遗的。我认为清单中提出的都是一些最基本的要求。在确定完全理解了这十个要求的含义之后，我们觉得已经准备好了进行下一步工作——建立一种商店风格。我回顾了一下我们在处理这个问题时我做的笔记，其中包括下面的备忘录：

建立商店风格的过程中可以运用的元素清单

应该指出一点，没有哪一个商店有资格，或者说应该尝试去发明一种新的艺术形式。从严格意义上来说，这个问题实际上等于如何从公认的旧的艺术元素中提炼出一种新的综合体——只是将竞争对手商店不经常使用的艺术元素组合起来创作一种具有内在一致性的艺术组合形式，从而使商店具备个性化。下面就是为了达到这一效果可以运用的部分元素清单：

1.版式设计，也就是合理调整内容部分和留白部分。如果将版式设计作为一种与众不同的元素，那么最好采用动态的设计而不是静态设计。

2.艺术作品的类型。假设你列出了一个相当全面的艺术作品类型的清单：水彩画、照片、蚀刻画、线雕画、日本印刷术、超现实主义手法、木版画等等，那么你就能从其中找到满足你的要求的艺术作品形式。在上面列出的示例中，我有意地将诸如水彩画和线雕画这样一般的类型，与诸如蚀刻画和日本印刷术这样的特殊技艺结合在一起，目的是为了表明详尽的清单应该包含这两种类型。

3.字体选择。字体应该放在最后来选择，既要符合优秀字体的客观要求，又要符合与其余部分的风格相协调的要求。

这些似乎充分说明了问题所在。我们不会去发明什么新的东西，只是会用一种全新的方式来处理所有这些内容，然后当风格建立完成的时候就能使它们打上我们自己独特风格的烙印。然而并没有那么多的内容可以被用来这样处理。这看起来比我们最初猜想的那样要简单得多。我们只需要牢记这一点：无论我们处理的是哪些艺术元素，最终得到的综合体都必须用我们列举出的那十条理论要求来衡量，并保证全部符合要求。

在开始实际操作之前，我们找到了一个相当有用的诀窍。我们摆出了竞争对手在过去几周发布的所有广告，而且列举出了它们运用的展现商店风格的共同手法。这个列表被证明是一个非常有用的指南，可以告诉我们哪些事情是应该做的。只要我们想让自己的风格与众不同，那么无论他们共有的这些风格是好还是坏，都是我们应该避开的。然后我们开始考虑上述那些元素。我们已经知道版式设计就是其中之一，也已经知道最好采用动态的设计，而不是静态设计，还知道应该避开竞争对手使用的版式设计中共有的特征，而其中大多数碰巧都是静态的设计。版式设计中可以做的事情并不多，我们很快就在这个元素上得出了一个结论。

然后我们转向了艺术技巧。这显得更困难一些，但是经过大量的试错之后，我们在这个元素上也得出了一个结论。

字体选择的问题就非常简单了，你很快就会看到这确实如此。当我们最终确立了商店风格的时候，和我们事先知道的一样，只包括三个元素且这三个元素都不是全新的元素。但正是这三个元素组合在一起形成的效果，才使商店风格被赋予了我们自己的个性。

第一个元素是版面设计。我们采用了这样的一个设计原则，在广告中留出一个相当大的位置，呈现一个很长的曲线形的商品介绍，其两侧边缘可以被用来放置其他元素。

第二个元素是艺术技巧。最好的选择应该是运用一种混合型的艺术技巧。我们选择了三种艺术技巧：在较大的空间上使用照片（或者模拟照片，例如水墨画），其他地方使用素描来表现各种商品介绍，用一种典型的钢版雕刻作为商品介绍的背景。

第三个元素是很容易做到的事情，一旦我们决定避免现有广告中的那些共同的做法，那我们就既能做得很好，又能与众不同。在商店广告中有一个由来已久的传统，因为斜体字即意大利体的辨识度较低，所以你应该对这样的一些斜体字避之而唯恐不及。显然人们要么是忘了，要么就是不知道早期的一些伟大的字体设计师曾经设计并使用了几种大获成功的斜体字，这几种斜体字既美观又容易识别。因此，我们采用了一种经典的波多尼体的斜体字，我们确信这就是我们想要寻找的与众不同的字体。我记得当时我们虔诚地希望所有商店都会一直相信罗马字体具备优势，从而永远确保我们自己的字体与众不同。不幸的是，在我们证明斜体字实际上可以使报纸广告变得更优雅而且更与众不同之后，其他商店继续相信罗马字体具备优势的情况并没有持续多久。

现在我们有了自己的商店风格。但它还需要继续测试，首先要根据我们的理论要求，然后是最终的使用实测。当我们的商店风格似乎已经满足了理论要求的时候，我们就将它投入了实际使用。

这一切都发生在几年前。我相信你会有兴趣知道结果。首先，这种商店风格奏效了，也就是说，它给商店带来了更好的效益。其次，据我们所知，它满足了那些难以捉摸的需求，其中包含了许多重要的观点和专业意见，而不是简单地衡量商店风格。在我们的商店风格推出的头两年，它是整个美国被复制最为广泛的商店广告风格。它在整个广告领域赢得了每一项国家广告奖项。换句话说，它获得了相当大的专业赞赏。这在一定程度上要归功于我们的商店风格最初所遵循的正确原则。当然，也要归功于建立这些原则并理解和信任这些原则的原始团队非常专业地执行。那些获得的广告奖项所代表的认可本身并不能证明什么。然而，在没有固定衡量标准的情况下，只有得到那些专业领域挑剔的专家的认可才是令人安心的，因为这些专家的意见想必是最值得采纳的观点。

值得注意的是，我们所描述的商店风格在实践中满足了最初的十项理论要求中的每一项。它是一种与众不同的、更好的，而且非常灵活的风格。它是一种简单的、充满活力的，而且符合设计师、机器以及受众需求的风格。最后，它是一种经济的、允许每年变化和更新而不会失去自身原有特征的风格。

在我个人看来，它是我所处理过的问题中最令人满意的之一。我们经历了一个复杂的过程，这个过程以前被认为是带有艺术性的而且不容易分析的过程，但是我们证明了合理运用有序的思考来解决这个问题可以得出完全令人满意的全新的解决方案。

我现在想和你一起审视一下整个宣传领域的其他一些方面。我并不是要为那些想成为广告部门高级主管的人写一本速记手册，但我想展示一些将思考应用在某一类特殊的商业问题上所产生的结果。然而，在商业活动的其他方面中，例如行政、管理、销售和控制这些领域，我将会在每个领域中只选择一两个重要的问题来研究，因此我认为你会发现有一个领域很有启发意义，那就是宣传，对这个领域我们进行了相当彻底地研究，这样你就可以从某种程度上对思考的结果得出一些结构方面的观点。在宣传这个领域，我能提供给你们的最简单当然也是最具体的证据自然都来自我自己的亲身经历，因此我将继续描述我在宣传这个领域工作期间所了解的情况。

当我们有理由相信在改进商店广告的表现方面已经取得了一些进展之后，我们认为下一个要解决的问题应该是广告文案。我们刚刚完成了一个令人满意的实验，那就是制定和使用既定原则来完成艺术风格的创作，我们有信心采用类似的方法来改进商店的广告文案。而广告部的工作人员这时候已经对我在处理广告方面工作中的异想天开有些习惯了，所以当我提出对广告文案的风格制定某种公式的可能性时，所有广告部的工作人员齐声发出的抗议使我感到有些惊讶。事实上，他们都感到很震惊，他们说："撰写广告文案，就像写其他东西一样，完全是一种个人的、个性化的冒险行为，不可能被限制在一个既定的公式之内。一个广告文案的整个风格以及特别之处，在于它能不受限制而且自发地表达一个人的观点以及一个人对某个东西或者一系列情况所做出的反应。"我向他们耐心解释，告诉他们我明白他们所说的话，但我无法同意他们的说法。我指出了我们商店艺术部的经验，在开始的时候同样拒绝这些既定原则，基于同样的理由我提醒了这些设计师，现在所完成的作品正是在既定原则的指导下才得以完成的，而且在实践中并没有发现这些原则限制了他们个人创意的发挥，也没有以任何严肃的形式限制他们展现个人丰富多彩的表达能力。然后广告文案撰写人喊出了一个古老的口号："这是不一样的！图片是图片，而文案是文案，如果文案完全要按照一些公式（他们所怀疑的公式）来编写，那就会变得十分痛苦！"于是我问他们是否知道大多数伟大的作家在他们的写作生涯中都有某个时期会严格地模仿其他作家写作。我引用了一些例子——托马斯·查特顿、马克斯·比尔博姆、维吉尔、詹姆斯·乔伊斯、爱德华·菲茨杰拉德，以及其他很多可敬的作家。于是他们都说知道伟大的作家也会严格地模仿其他作家写作，而我甚至想粗鲁地质疑他们的说法，但我不能这么做。最后我不得不这样表达我的观点："无论你们是否相信这个方法，让我们认真尝试一下吧。如果这个方法不能奏效，那么你们可以很满意地证明是我错了，但与此同时，你们必须尽最大努力来让它奏效。假如这个方法确实奏效了，必须诚实地告诉我。”他们答应了，并且表示作为诚实的人，他们一定会说到做到。

我想在此向你说明一下，为什么我要如此详细地描述这些既聪明又经验丰富而且心地善良的人们最初的抵触。他们的这种抵触是一种人们对新思想的入侵普遍持有抵制态度的证明。大多数人从本质上来说都是保守派。相对于未知事物而言，他们更喜欢已知事物。任何新的想法，至少在暂时来看处于未知边缘的就都是可疑的。我在研究商业问题时经常遇到这种典型的反应，而且在很多方面都遇到过，因此我对这种反应持一种相当愤世嫉俗的态度。这种态度体现在如果我把我认为的新想法介绍给一群商界人士，而且不会遇到什么实质性的阻力，我发现我自己就会自动地做出这样的假设，我的这个想法不新鲜，也不是什么好主意。但我实际上并没有由此进一步归纳出一个合理的结论，因为它本身并不是一个合理的结论。有一些好的新想法一经提出就会立即得到热烈的响应。我要说的是，如果你提出了一个新想法，而它没有受到任何负面的批评，缺乏反对意见对你来说可能是件好事，但是在全心全意地坚持这个想法之前，你至少要仔细地再次质疑一下这个想法的价值。

在大家同意去尝试构建广告文案的公式之后，我们进行了一项例行的工作，列出问题的优先级排序。有人建议，第一步应该是适当地对广告文案进行定义。我们在处理艺术风格时并没有这样去做，尽管这样做实际上会更好一些。但在处理广告文案时，广告文案的本质和功能上似乎存在太多的混淆和差异，所以如果我们不对其进行定义，很显然不可能进行非常深入的工作。

我们将广告文案定义为试图通过对文字的巧妙处理将某种思想植入某个人群头脑中的过程。也就是说，广告文案是为了达到某种特殊的商业目的而试图对文字进行巧妙地处理。当你用这种方式定义广告文案时，你就会开始对为什么没有写出更多好的文案有所了解。我估计我认识一百多位广告文案撰写人，我想我已经问过他们中的大多数人这个问题："你如何定义广告文案？"但我从来没有得到过和我们上述的定义比较类似的答案。我想如果他们用类似于上述的方式定义了广告文案，那么他们之中的大多数人可能会想到，如果一位专业的文案撰写人能够认真地请教历史上那些作为伟大作家而名垂青史的"为了某个目的处理文字的人"，或许会对他有所帮助。

毫无疑问，伟大的文学作家也有可能为了某些其他的目的去处理他们的文字，但他们全部都试图在读者头脑中植入思想和情感。我从不认为商业文案写作是一种文学活动。然而，我知道广告文案撰写人可以通过对优秀文学作品和伟大作家的进一步了解，来提高他们自身的技能。但是在我所认识的那一百多位广告文案撰写人之中，只有极少数人算是达到了你所知道的那种文学精读水平，而这极少数人之中在离开学校之后还保持这种阅读习惯的更是凤毛麟角了。我记得这一百多位广告文案撰写人中有两个人让我感到惊讶，他们说自己故意避免去进行一些不必要的阅读，因为他们害怕如果阅读和了解了太多其他作家的风格，就会失去他们自己的风格。

如果那个时候《如何读一本书》这本著作已经出版，而且时间也允许的话，我们或许应该拿出几年时间来对我们广告文案工作人员进行从事文案工作所必需的基本培训，那将会大有裨益。但是我们无法做到这样，我们被迫尽可能迅速地展开工作。我们分析并列出了创造一种文案风格时可以用来处理的元素。我们考虑了这样一些元素，例如单词的长度；常见和不常见的单词；单词的感情色彩和韵味、节奏和速度；有意为之的标点符号的使用技巧，以及很多其他的元素。我们召开了非常多的会议，长时间认真地讨论各种战术，但是始终没有找到解决方案。我认为事实上我已经激怒了所有人，因为我已经概述了问题，指出了所有方向，提出了方法，而且的确已经完成了所有工作，只是没有实际填满所有的细节而已。我甚至告诉他们，有了他们现在掌握的信息，任何一个有文化和有智慧的人都应该能在一个月内解决这个问题。然而许多个月过去了——却始终没有任何解决方案。

在此期间，我们请来了一位首席广告文案，他是一位相当博学的绅士，而且还有一种不同寻常的能力：他对文字的弦外之音非常敏感，并且在运用这种弦外之音上有着罕见的天赋。我们仔细地向他解释了我们遇到的问题的各个方面以及希望解决方案遵循的路线，然后他开始努力工作。他坚定勇敢地争取了8个月。我们两个人都彻底灰心了，而其他的广告文案撰写人早已如此。最后，首席广告文案灵光一闪。有一天，他在家里写出了一份关于这个问题长达8页的大师级解决方案。这个解决方案满足了所有的理论要求，立即被我们采纳，并且从那时起就一直在使用它。有些广告文案撰写人在遵循这个公式时，从一开始就遇到了真正的困难。然而经过一段合理的适应期之后，他们都能熟练运用该公式。他们之中有几个人后来曾告诉我，随着他们对公式的理解和熟练运用，他们有生以来第一次有了这种感觉——感觉到自己是专业广告文案撰写人，知道自己在做什么。这种感觉令他们相当满意。

下面是首席广告文案关于这个问题的大师级解决方案的两段简短的摘录。第一段是问题的陈述，标题是："构成一种文案风格的元素是什么？"

文本中是这么说的，"从本质上说，文案风格反映了广告文案撰写人的个性，也反映了他的人生观。他的作品越能清晰地传达这种观点，他的风格就会越具体而且越鲜明。可以肯定的是，这必须建立在一些前提下：第一，广告文案撰写人持有某种观点；第二，他有能力传播这些观点。而这两个必要因素并不总是存在的。根据我的观察，一般的广告文案撰写人开发出一种符合这种描述的商店广告文案风格似乎很困难。即使有可能，也要面临如何将不同的风格融合成一种简单的、统一的并且具有内在一致性的风格，而这种风格将是我们广告中出现的所有文案的典型风格。”

然后是第二段简短的摘录，这并不是解决方案的内容，而是一段设定解决方案的介绍：“我提议的这种文案风格现在可以在全国大多数报纸上看到。它主要是由专栏作家所撰写的。也许这种风格最突出的特点就是对公众的热切认同。它的第二个突出的特点或许是毫无矫揉造作的语言。这种风格的语言几乎完全是直白的，但是也表现出了鲜明的特点。这样的语言既可以用于报道某个国家国王和王后的访问，也可以用于记述教堂里一次稀松平常的晚餐聚会。因为这样的语言风格拒绝使用特殊的语言技巧，避免出现过于夸张和粉饰的手法，也避免过分幽默，所以它不同于所有的广告文案。这是一种独特的广告文案风格，因为它极具人性化，同时也因为它通过使用简单而成熟的词汇而具有的那种韵味。在我看来，这种风格应该会吸引我们的顾客，因为它属于典型的美国人的风格。它活泼、乐观、活跃而且友爱。它是八卦新闻的一种升华形式。它的重要优点之一是那种亲密和友谊。这是符合语言习惯的。从非学术意义上来讲，这种风格是富有哲理的。它的最后一个优点是值得精心策划的，因为它代表了整个风格的本质。”

我忍不住还要引用一段摘录，因为它包含的内容就是这个解决方案的核心所在。首席广告文案这样写道：

“为什么一个百货商店不能让公众将其广告的温暖、简洁作为这个百货商店的个性化标志来评头论足？就像公众对记者沃尔特·李普曼身上的那种清晰明朗的反应一样。当有一天几乎所有的媒体——报纸、广播以及电影——为了竞争而怒吼，日益猛烈（并且越来越荒谬）地向公众进行信息轰炸，来提出最新的主张的时候，一种相当个性化但又充满活力且色彩斑斓的风格会被人们认为是一种长久以来寻求的安慰，同时也会赢得钦佩和尊重，例如________这种风格，通过与其他风格之间的强烈对比就会证明这种风格的确如此。”

我不会告诉你我们决定采用的广告文案风格是以哪位专栏作家的文字风格为榜样的。这是一个小小的商业秘密。但是我可以告诉你是谁找到了解决方案以及上述这些文字都是摘录于谁的手笔。他就是我们的首席广告文案——罗伯特·斯特伦斯基。他是一位作家，也是一位作家之子。他的作品也说明了这一点。对首席广告文案的真正考验在于写作方面的教学，而他在这方面也展现出了一名作家的才华和他自己的家学。这就是为什么在他的指导下广告文案可以按照某种公式写出来，而且仍然是原创作品。

我想确保你能理解这个解决方案对广告文案问题的全部意义。像所有这些事情一样，它不是唯一的解决方案，但它是一个很好的解决方案。这个解决方案具有新颖的优点。据我所知，从前任何一个百货商店的广告文案都没有像我们这样日复一日地以第一人称单数的视角编写，报纸专栏作家以这种方式写作，而且是为全国最大的读者群写作。

这是一个简单而又聪明的推理过程，它使人们认识到，对专栏作家的读者所追随风格的改编是目前商店广告文案作者所能使用的最好的风格，而且是别人都没有用过的风格。为了把这种新的文案风格成功地引入到广告中，某些细节的解释和调整是必要的。但我不会让你来为这些事情烦恼。

重要的是，可以用有序分析的过程来解决复杂的广告文案问题，并成功地遵照主观上严格建立的支配性原则进行实践，就像之前在有关艺术风格的案例中所遇到的情形一样。

关于广告，我们考虑的下一个问题是媒体的选择和使用。广告的买家和卖家在处理这个问题时，通常都会以科学的方法来为自己找到一些冠冕堂皇的理由。广告卖家会制作一些令人印象深刻的宣传册，里面充斥着各种各样的统计数据。这些分析往往是不正确的，而且几乎总是不完整的，在某种意义上，它们实际上运用的是修辞学，而不是逻辑学。逻辑上的困难似乎并没有给这些宣传册的作者带来太多困扰。任何一份重要的报纸都准备告诉潜在的广告商这份报纸的总发行量和地理分布，而且还可以进一步说明报纸读者的收入、构成以及购买习惯。如果必须要这样做，就必须提供更多的信息，这些信息涉及这份报纸的全部广告体系、它的社论和新闻的吸引力以及显然是通过其专栏的独家新闻而售出的各种商品和服务的销售金额，这并不是不可能的事情。这些信息领域都是非常切合的和有用的，我并不希望抨击和否定它们。

对报纸出版商来说，这些数据的积累代表迈出明智和先进的一步，至少在一定程度上，它倾向于点亮迄今仍未被照亮的领域。另外我还发现，一些报纸在介绍这些材料时，有着令人羡慕的诚实记录。这是一个认真的行业，他们在解释数据的局限性以及由此产生的分析可能并不完全正确时，甚至是面对未来的广告买家，都展现出了令人非常信服的坦率。公平地说，作为一个行业，他们不仅有责任心，而且极具说服力。

如果你收到来自纽约6家主要报纸的广告经理的介绍，你很可能会发现自己的思维如此混乱，甚至处于一种可悲的状态。这些报社广告经理每一位都像绅士一样，会给你无可争议的证据来证明他所代表的出版物所具备的优越性。他会给你留下一个深刻的印象：任何一个选择了另一份出版物而不是他代表的出版物的广告商，如果听明白了他的意思，就不会这样选择，否则毫无疑问就是脑子出了严重问题，早该成为精神分析学家的研究对象。对这些所谓的绅士来说，如果他们是热情的猎人，那么潜在的广告商就像他们眼中的熊，拜访客户时，他们就会像猎人对待熊那样对待客户。你不能把这一切都怪到他们头上，并否定所有报纸广告，但在这6家报纸中，并不是每一家都能成为所有报纸中无可否认的佼佼者，这仍然是一个可以接受的事实。因此，广告商发现自己需要谨慎地分析问题。

对这个问题进行适当分析的第一个明智的步骤是，广告商从他的头脑中消除通常会犯的非此即彼的错误，也就是认为他唯一的选择是应该用这份报纸还是那份报纸？而这应该是最终决定，而不是第一个决定。第一个决定应该是在所有不同类型的媒体中选出哪一种媒体适合他的某些需求或者所有需求。他不需要让自己不得不在两份报纸之间做出选择。他的选择范围很广，包括杂志、报纸、广播、电影、广告牌、直邮信、包裹盒、汽车卡等等一系列媒体。结合预算的多少，他可以根据自己的目的选择其中的几种媒体，或者也有可能仅仅选择一种。无论如何，他都会首先合理地梳理出每一种媒体的相对优势，除非他选择用一种自己更习惯的方法来决定宣传媒介，比如扔硬币或者接受那个在他看来是最令人感到愉快的销售代表。

正是在这一点上，广告卖家销售代表的陈述被指责是一种不完全的分析。我从来没有见过哪一个销售代表的陈述给出过这些不同类型媒体相对的人均信息覆盖成本。我同样也从来没有见过哪一个销售代表的陈述给出过同一种类型媒体相对的人均消费金额，而且我也从来没有见过哪一个销售代表的陈述，以任何可接受的方式给出过这些不同类型媒体受众重叠程度的信息。关于上面我所提到的后两个问题，我到现在为止也没有在同一地区的报纸上得到满意的答案。或许我应该补充一句，我估计这些问题在很久之后才会得到答案。要得到这些问题的答案确实代价昂贵，而且又很困难。但有一点必须弄清楚，这三个问题对做出一个明智的决定来说至关重要。

有人可能会问我：既然在很久之后才会得到答案，那么为什么现在还要问这些问题呢？我希望，鉴于你目前已经读的本书的内容，你应该已经准备好了对任何这样的疑问做出适当回答。答案自然就是这本书第六章中更好地思考的基本规则的第二条基本规则。那条规则就是：陈述问题。上面三个问题全部都是正确地陈述问题中必要而且至关重要的部分，如果你也和我一样认为，在陈述某个问题的时候，即使该问题确切但你可能无法获得最终的答案，对这个问题的真实陈述往往还是会附带关于这个问题的某些发现，那么你就会知道为什么我要对不完整的分析做出我认为公正的批评。这样的批评并不是仅仅源自于我始终没有得到关于这些问题令人满意的答案这一事实——正如我所说的那样，更多是源自于我发现无论是广告的买家还是卖家都很少提出这三个不可回避的必要问题。这是逻辑上的错误，而每年都有数百万美元的广告费用被这样的逻辑错误白白浪费掉。

我并不打算向你提供一些更好地思考在选择媒体的问题上运用成功的实例。因为这是一个非常细化而且高度个性化的带有当地特色的问题。我知道一些实例——只有几个而已——我担心我所提供给你的这些解决方案的详尽背景记录和这些实例的价值完全不成比例。

还有第四个问题，就是信息的选择问题，毫无疑问这也是广告中最重要的、最棘手的问题。购买了某个广告，你可以获得合适的媒体、最精美的图片以及关于待售商品最具迷惑性的文字描述。但如果你的广告选择了错误的产品或者传递了错误的产品信息，那么这个广告用《圣经》中的话来说就是，“只是聒噪的鸣锣和响钹而已”。就这个微妙的问题而言，我将在这本书中关于销售的那一章深入探讨，我认为这是一个更适合在销售主题下讨论的话题。

除了广告之外，宣传领域中至少还有两个主要方面：一个方面是公共宣传活动；另一个方面是公共关系。假设我们把公共关系放在首位。

公共关系可以定义为某个公司或组织在公众的意识和潜意识中留下的所有关于其印象的总和。这些印象来自许多方面。首先，直接来自于对一个公司的亲身体验，例如，它的广告、它的产品、它的员工、它作为公司实体的活动（与构成组织的个人活动是不同的概念）、它的政策、它的惯例、它在包括商业领域在内的业务表现和行为表现等等。一个公司所说的话和所做的事情，或者没说的话和没做到的事情，都有可能给公众的意识和潜意识留下印象。除了个人通过亲身体验任何这样的一些表现而获得的直接印象之外，进一步的印象还产生于间接的方式，也就是说，通过口耳相传。

A先生光顾了一家公司，并告诉他的朋友B先生这家公司很好。B先生在一次随意的谈话中向他的表弟C先生重复了这些话。而C先生之前从未听说过这家公司，他会在心里记下来（可能是潜意识的），如果他准备购买这家公司销售的商品或服务，那么他可能会根据他所听到的意见去试一试。这些就是构成公共关系的印象的来源。

近年来，各种各样的组织似乎越来越希望对它们的行动进行管理，以确保公众总体上产生的是对自己有利的印象。在过去的几十年里，专家们以公共关系顾问的名义如雨后春笋般冒了出来。他们随时准备就如何创造和控制公共印象向各种组织提供咨询意见，并以此获得合适的报酬。我认为这是一个适合专家研究的领域。解决这类问题所需的知识、经验和技能涉及的范围并不是一般人所能了解的。但是，这也和广告一样。公共关系同样会受到良好的有序分析的影响，而不应该秘而不宣。好的公共关系从业者不会认为这其中有什么奥秘。

伦理美德在公共关系领域中具有特殊的和至高无上的重要地位。公正、勇敢以及节制——如果你想选择一种美德来处理公共关系，那么绝对是坚如磐石的诚实——这才是良好公共关系的实质和精髓。聪明的伎俩和虚伪而缺乏诚意的姿态，连同不明智地不惜一切代价获得关注的奢侈浪费，这些都是公共关系中的恶习。亚伯拉罕·林肯有很多理由可以成为最好的公共关系顾问，而第一个也是最主要的理由是他明白“你不可能永远愚弄所有人”。

维护一个组织良好的公共关系与维护个人的良好公共关系并没有太大的不同。所涉及的事情都比较类似，例如良好的性格、正确的意图，还有彬彬有礼之类的社交礼仪，当然也包括足以履行诺言的能力。一些公司很好地理解了这一切，并且很好地做到了，然而更多的公司并非如此。据我所知，只有一个公司真正对整个公共关系问题进行了全面有序的分析，现在它正按照分析得出的原则和公式来管理着公共关系。对于任何想学会良好的分析并加以应用的人来说，这是一种可行的方法。

所谓公共宣传活动，是一种公关手段。这些活动包括各种各样为了引起公众对某个人或者某个组织的关注而设计的业务范围之外的活动。这些活动中有一些是由头脑发热的媒体经纪人炮制出来的，他们的行为公然地违背诚信，导致他们声名狼藉。还有一些公共宣传活动则是经过精心构思的，属于完善的公共关系项目中值得称赞和适当的部分。

正确引导公共宣传活动的基本概念如下：得到所在地区支持的商业组织希望表明，它们虽然是商业机构，但准备适当关注该地区的公共福利，并承担相应的责任。为此，它们开展了一项或多项需要承担风险的项目，无论是文化、娱乐方面的项目或者纯粹是功利性的项目。一年一度为孩子献上的感恩节游行，现在已经成了纽约市的传统，这也是梅西公司宣传计划中的代表性项目。由美国无线电公司举办的托斯卡尼尼音乐会，1939年纽约世界博览会上通用汽车公司举办的“未来世界”未来科技展，《纽约时报》提供的免费信息服务——这些随便列举的例子都是宣传领域中很有价值的活动。

你很容易就能看出来，这种宣传确实是一种真正的公共服务。它可能是一项与公司商业活动密切相关的服务，也可能是与公司业务范围完全无关的服务。关于后者，我可以举一个例子，有一个大型百货商店曾为纽约大都会歌剧院和费城交响乐团在其所在城市的演出提供了冠名赞助，即使这些音乐表演与这个百货商店的业务没有直接的联系，而且也不可能给商店带来任何直接的回报。

我试图告诉你这些公共宣传活动和整个宣传过程之间的关

系——也就是说，它如何契合宣传领域问题的优先级排序——但我还没有展示出运用有序的分析可以指明这些业务范围之外的活动中某些固有的问题。由于这些公共宣传活动主要是从无数可能的活动中选择的最贴合活动目的的活动，这类活动非常少，因此这就催生了一个构建理论要求列表的问题，任何此类活动都必须符合这个理论要求列表才能被接受。完成这样的列表并不会很困难。我并不打算给你一个完整的理论要求列表，但我会给你几条提示性的准则。在我看来，第一条也是最有价值的一条准则是，仅仅把一个产品、一个人或一个组织的名字以一种引人注目的方式呈现在公众面前是远远不够的。除非是以一种既能获得美誉度，又能获得认同，而且能引起关注的方式来呈现的，否则最好不要这样做。对于某些新闻机构和宣传顾问来说，这不会是一条受欢迎的准则，但它肯定会拯救一些愚昧无知的可怜客户，使他们免于挑战自然规律，避免把自己塑造成光鲜得像24克拉钻石一样完美的笨蛋。

在这方面另一条有用的准则是，通过一次重要的活动接触到公众的价值抵得上十次并不重要的活动，哪怕这十次并不重要的活动接触到受众的人数比那一次重要的活动更多。

第三条相关的准则是，尽可能使这些活动既令人难忘又值得赞赏。接下来，我想把完成这个列表的任务交给你去做。

为了完整起见，我还会提到宣传领域的另外两项活动，但不会加以讨论：一项是公司整体形象广告；另一项是免费宣传。我认为在这一章中所讨论的内容已经为你提供了一些清晰的线索，可以使你了解我自己将如何分析这两项活动所追求的目标，以及运行这两项活动所采用的方法。

第十章　思考在财务控制中的应用

统计是商业速记——保留记录只有两个原因：第一，能够在商场上持续经营下去；第二，尽可能有效地开展业务——在商场上生存的三个必要条件——通过统计控制利润——商品管理——可盈利的业务和社会的繁荣

在现代社会中，统计已经成为一种被广泛接受的工具，然而我们却从未静下来问问自己：统计究竟是什么？统计之于商业就相当于数学之于逻辑学——它是对理念的速记，也是一门整理这些理念的专门技术。使用速记的好处显而易见——节省时间，然而在速记中所包含的整理理念这一专门技术优势却值得我们进一步研究。

首先，我们可能会提出这样一个合理的问题：“企业为什么要通过速记或者其他方式来保留记录呢？”这样做有且只有两个

原因。我想知道现在成千上万收集数据和进行数据统计的人之中有多少人能毫不犹豫地告诉你这两个原因，但是所有从事统计工作和以此谋生的人都应该能够说出这两种原因来证明他们产生的劳动成果。还有很多以统计数据作为他们重要决策的基础的人也应该能够做到这一点。如果你试着像我这样去询问很多人这个问题，你可能会很惊讶地发现能够回答上来的人并不是很多——尽管正确答案只包括两项。

如果用商业术语来回答，收集统计数据的第一个原因是为了能够在商场上持续经营下去；第二个原因是为了尽可能有效地开展业务，从而经营更长的时间，且获得更大的利润。如果用非商业术语来说，统计的两个功能就是使某种活动得以运转，以及改进这种活动。重要的是不仅要知道这是统计数据之所以存在的两个原因，即两种功能，而且在使用统计时，明确正在应用它的哪一项功能同样也很重要。如果指定记录下的统计数据完全属于第一种功能，那么接下来就可以对保存下来的所有统计数据进行管理，也就是说，根据统计数据存在的唯一原因有可能或者实际上是否属于第二种功能的程度来选择保留或者弃用，即可以不采纳存在目的仅仅是改进某种活动的统计数据。

许多企业都会收集并试图使用超出合理范围的统计数据。它们这样做通常出于一个模糊的希望：“它们迟早会派上用场。”这是不可原谅的错误。如果一家企业已经建立了可以证明自己能够持续经营所必需的统计数据记录，那么除此之外每一个额外的记录上都应该附加举证责任，以表明该数据能够或将要为改善经营发挥积极作用。倘若这样来衡量，恐怕成批的统计数据记录都应该被推到焚化炉中烧掉。因为这样不仅可以省钱，更重要的是可以节省时间和避免不可估量的混乱。如果企业的高管做出了恰当的问题优先级排序，那么很可能的结果就是迅速丢弃多余的记录，从而节省时间并将注意力放在值得投入的问题上。

保留不需要的记录是严重的过失，但保留太少的记录同样也是严重的过失。即便在统计学领域，你仍然会发现在两个极端之间应用亚里士多德的中间路线也是可行的。你保持的记录必须既不能太多也不能太少，必须以恰当的方式保持恰当的记录。

几年前，我在这方面有过一次有趣的经历。当时有两位非常称职的高管去拜访另一家在其他城市的同行公司，这两位高管来自一家组织管理很缜密的公司，他们拜访的目的是交换数据和信息。结束几天的访问之后，他们回到自己的公司提交了报告，他们说：“我们陷入了非常令人困惑的境地。我们对自己感到满意的是，另一家公司对经营业务的了解程度应该不如我们公司。他们违反了我们所认为的维持生意兴隆的一些基本原则，而且往往并不知道自己违反了这些原则。他们保留的记录非常少。他们冒着各种各样的风险。他们在理论上非常马虎，在执行上也非常草率。他们展现给大众的形象很好，也就是说普通的外行人并不能看出他们的不足。但如果任何真正了解这个行业的人去看一看幕后的本质，并像我们这样分析他们的表现，就会发现他们并没有太多值得尊重的地方。尽管如此，他们的业务量小于我们的公司，而净利润率却大于我们的公司。现在我们要提出的问题是：你是愿意在业务经营上既高效又科学但赚取的利润比较小，还是愿意既低效又不科学地经营但赚取的利润更大呢？”

这是一个难题。实际上，这个高效运作的公司的利润在过去的几年里一直低于合理水平，与其作对比的那个公司的利润更高且处于合理的、高得并不过分的水平。对于那些获益的直觉守旧派来说，这似乎给他们提供了一个相当有说服力的论据来反对现代的也可能是伪科学的管理学派。处于效率高利润低状态的这个公司意识到，淘汰作为科学管理方法支柱的那些保存记录中很大一部分数据，将大大有利于缩小这两个公司之间的利润差距。

这个公司的最终决定在我看来是一个基于充分理由的很好的决定，公司既不会淘汰任何记录，也不会在致力于科学管理的道路上有半步退缩。他们以非常现实的方式做出了这一决定，也就是说这个公司已经意识到在资本主义社会中，衡量一个私营企业成功与否的标准是企业产生的利润。换句话说，他们决定保留现有的方法，是因为相信这些方法更有利可图。这听起来像是一个需要解决的悖论。这家公司用两个聪明的答案解决了这一悖论。

他们说：“首先，如果你想要对比科学管理和非科学管理之间的优势，那么你进行比较的时间长度是非常重要的。如果对比的是过去十年而不是过去两年，那么我们只是微微处于劣势，而不是处于非常不利的状态。但如果你将这个对比放眼于未来而不是过去，并预测一下我们未来25年而不是未来十年的利润，然后再和那家公司的利润相比，我相信这个答案是毋庸置疑的。我们产生这个想法的原因之一是，我们并不认为那家公司25年之后还能继续经营下去，我们预计由于不科学的管理方法，他们会直接破产。我们认为记录的不足会使他们走向终结，而这只是管理不科学的一个方面，然后再加上他们类似中世纪的陈旧人事政策，以及那些从《爱丽丝梦游仙境》这种童话故事中衍生出来的制定政策的方法，我们完全有理由相信对他们将更早倒闭的预测是正确的。”

这是一个非常好的答案，不过他们的话还没说完。他们还有下面这个我认为堪称一言中的的答案。他们继续说：“我们认为比较过去十年的利润，对于我们来说是有些丢脸的，而比较过去两年的利润则是很可耻的。我们认为这种令人不快的比较不应该归咎于我们使用了科学的方法，而要归咎于我们的使用不当。”他们认为在处理公司事务时坚持科学原则是正确和恰当的，无论进行哪一年的利润比较，科学原则都应该是获得更多利润的工具。最后他们总结道：“我们没能获得更高的利润，除了因为在某些具体运作上我们曲解和误用了本质上完美无缺的科学原则之外，没有别的原因。”

这是一段很好的逻辑分析，它涉及通过揭示事后归因谬误来驳斥一个错误观点。你可以回忆一下我们之前在“更好地思考的基本规则”那一章结尾曾经谈到过注意不要犯这种错误。这些高管也用同样的方式驳斥了这种错误观点：既然遵循科学的原则带来的利润低，那么科学的原则就是低利润的诱因。

令人欣慰的是，该公司经过正确的逻辑分析后，采取了恰当的行动，而今天它的盈利结果显示出了大幅度良性修正的积极成果。

我说过企业应该把维持经营或改善经营的目的作为保存指定记录的依据。如果他们认真而且实事求是地进行这一分类，那么他们可能会对用于第一目的真正必要的记录是如此之少而感到震惊。

支付账单是企业在商场上持续经营下去必须要做的事情之一。复杂的组织会设立专门的“应付账款”部门来履行这一职能。令人惊讶的是，在通常的应付账款部门中有如此多的业务操作竟然完全和支付公司债务这一基本职能没有任何关系。

另一件企业维持经营必须要做的事情是在发薪日支付员工工资。大多数公司会设立所谓的“薪酬办公室”来履行这一职责。除了要如期正确地支付薪资之外，通常薪酬办公室经手的其他业务也非常之多。

企业在商场上持续经营下去的第三件必须要做的事是收取交付货物或所提供服务的款项。这种在某种程度上会招人不悦的业务通常由一个叫作“应收账款”的部门来承担。这个部门也有个奇怪的地方，那就是你会发现很多事情从表面来看和收账没有任何关系。

目前来看，这些所有无关的业务流程可能是完全合理和明智的。但必须认识到这重要的一点，严格来讲，这些业务流程对于企业的持续经营并不是绝对必要的，因此它们应该被质疑。如果不是为了第二种目的也就是改善经营，那么它们就不应该被如此安排。如果它们改善了企业经营，那么我们就应该追问一些问题：它们是如何改善经营的，是通过无形的还是有形的方式？它们是在减少开支、增加毛利率、扩大规模、改善管控等方面发挥了作用还是提供了理想的预防企业经营不善的措施？这是5种可以证明自身价值的方式。如果它们涉及5种方式的一种，那么它们做到了什么程度？它们的代价是什么？最后的结果是否保证了成本？所有这些都是常识性问题，不需要任何逻辑知识就可以回答。精通逻辑的人肯定会问这些问题，其他人则可能会问，也可能不会。但值得注意的是，包括很多企业高管在内的大多数人都不会这么问。大多数工业工程师会在素未谋面的情况下承诺任何客户，表明自己可以做到降低10%的费用，来收取一定的报酬。他们这样做之所以没有风险就是因为他们做到了刚才我说过的那样。这简直是唾手可得的事情——你不会失手的。

我已经努力让你了解我说的第一种统计记录分类对于企业的生存是非常必要的。现在让我们再来看一个例子，我认为这个例子足以说明统计记录还是改善企业运行的基本工具。我把这样的记录叫作“利润控制”，现在我想向你解释为什么它是必要的，以及在大型百货商店它是如何发挥作用的。

正如它的名字“利润控制”所表明的那样——这是一种控制利润的统计方法。例如，一个商店的店主每年都会通过出售货物赚取一定数量的美元。但这些钱只是暂时留在他的手上。他必须拿出其中大部分钱用来支付两项费用：商品成本和经营成本。这样的人被叫作“店主”是非常恰如其分的，因为他的确经营着一家商店。然而，他并没有资格被称为“商人”，除非他的商店经营一年后在他手上流通的钱能够以固定的份额的净利润的形式留下来。让我们假定3%的销售额作为商家为服务群体提供的独有服务所付出努力的适度回报。

现在让我们审视一下这个店主在新的财政年度开始时对自己提的要求：“今年，无论如何，我都要经营得不错，而且毫不吝惜地为社区提供零售服务，最终还要得到我认为应得的那3%的利润。”那么要确保这一目标的实现，他需要做哪些事情？

首先，他必须对未来12个月的总销售量做出一个保守的预测。但是有一些店主从来没做过这种预测。还有更多的店主尽管做过，却非常草率，就好比往帽子里放入十张写有数字的卡片，然后随便抽出一张一样。不用说，肯定还有更好的办法。这个方法就是利用所有的历史数据和其他可用的信息来确定今年可能的销售金额范围。我们假定有一个商人使用了这种预测方法进行测算，其预测的销售额在95万美元到115万美元之间。这个预算的意思是，即便这一年发生了各种不可预见和不利的事件，只要没有真正的大灾难，低于95万美元的销售额对他来说都是不可想象的。而另一方面，如果这一年十分顺遂，他认为如果运气好的话，可能会达到115万美元的销售额。作为利润控制的第一步，他保守地预测销售额为100万美元。

在筹划利润控制时，他的下一个问题是预测要达到100万美元的销售额所需的商品成本。他需要再次构建一个数值范围。让我们设想他的保守估计是65%，也就是说他需要投入65万美元的货物成本。这样算下来，在支付了货物成本后，只有35万美元可以用来支付其他一切开支。他事先已经决定必须要赚3万美元的利润，或者说100万美元销售额的3%。由此，他可以得知，如果所有预测都能够得以实现，他需要有32万美元用来支付一整年中可能发生的每一笔开销。

现在他已经掌握了全年的目标数据，但是要使这些数据变得可用，必须将其细分为两种：短期的和功能性的数据。如果他的生意是典型的业务，他会把数据分成两个6个月的周期：春季销售期和秋季销售期，再分别把这两个销售期分成26个星期。然后每周再分配适当比例的销售额、毛利、成本和损益。由于零售分销的季节性特征，许多周都将会出现净亏损。即使设定了目标数字，这个商人在整个春季销售期的6个月中损失的金额也不太可能会很小。当然他的周计划也会显示出销售额和毛利润的波动。接下来，细分销售额、毛利和支出这三组数据时，他应该这样做：

销售总额将被按部门划分，毛利总额将分为加价、减价、现金折扣和存货短缺补贴等因素。他的支出首先分为工资和非工资，然后将工资支出分为采购和运营，非工资支出分为房租、税金和杂项开支。我描述这些细节是为了向你说明我们假想的那个商人可以将大量的技术数据整理成模式——这些我们一致地称为“逻辑”——同时也会不可避免地促使我们举出另外一个例子，也就是一个人在不知道任何规则和思考工具的情况下冒着高风险来玩一个游戏。然而，让我们假设这个商人知道规则，且看他是如何经营业务的。

到目前为止，我们已经看到他完成了一年的目标设定，并细化到周数据和功能数据。那么他接下来必须做什么？他必须找到一本有52张大表格纸的笔记本，还必须将这些纸从1到52进行编号，然后将每张纸平均分成上下两半。在下半部分，他会在每张表的一侧写入特定周的目标数额以及从年初到下一周的累积目标数额。之后他会隔开下半部分表格上的其他栏，在那些栏里填入去年的实际数额和来年需要实现的数额，以此来对照他设定的目标数额。他必须专门留出一个空白栏，这一专栏不仅要体现今年和去年的差异，还要体现今年实际数额和目标数额的差异。然后他必须设立必要的机制，以确保他不仅能非常精确地得到下一年的周预测金额，而且还能在每周刚结束的时候就迅速得到数据。

现在所有这些技术机制能帮他做什么呢？首先能使他做到的就是每周结束后立刻知道自己处在什么位置，而据我所知，在美国这个国家没有哪个大型百货商店能做到这一点。说到这里，我几乎可以听到来自于美国各地商人的抗议："我们当然知道我们所处的位置，没有哪家正在运营的公司会出现不了解你说的这些小儿科信息的情况。"然而，显而易见的事实是他们并没有做到。他们并没有掌握我所描述的那些数据，不管他们是否这么认为，事实是他们并不真正知道自己每周所处的位置。然而这也并不能改变他们应该改变的事实。

不过，你可以肯定的是，如果他们没有掌握我刚才所描述的那些显然值得拥有的信息，那肯定是事出有因；如果他们认为自己掌握了精确的信息而实际上却没有，那肯定也是有原因的，原因是：百货商店的机制是非常错综复杂的。按照我所说的以统计和技术机制来每周及时提供准确的信息并不是一件容易做到的事情。我所知道的唯一一家拥有这些信息的大型商店的高级管理人员中有一位数学家，他非常专业地设计了统计公式，这些公式在这一过程中十分必要。这家商店使用了昂贵的精密的电子记账机，没有它们，就无法获得这些信息，或者必须付出非常高昂的代价才能获得。我所说的这家商店是全美国首屈一指的商店之一，因此这家商店所面对问题的复杂程度是一般商店的许多倍。一般的商店，不论是大还是小，都有一套估测业务情况的会计方法，每个月都会对误差进行一次小的修正，每年差不多都会进行两次大的调整。

我为你列出的利润控制的要点：首先也是最重要的一点就是将更好地思考运用于关键的业务问题。然而我要指出，还有一点也同样重要，相较于我所提到的那些特定的商店，对于较小的而且不那么复杂的商店来说，这种利润控制方法离开高等数学和机器设备的助益也可以得到有效的运用。

现在让我们再回到利润控制理论，它最复杂的功能是控制开支。我来做一个比较。据我所知，既简单又有效，而且最直接的控制开支的方式可以在这样一个人身上体现，他每周收入15美元，没有一分多余的钱。每个星期六的晚上，这个人就会知道他在过去的一周是花了14美元、15美元还是16美元。如果账单显示他花了16美元，那么毫无疑问，他知道一定要补上1美元。他可能会决定在下一周的收入中省出这1美元。如果负担太大，他会从下周的收入中省出50美分，从下下周再省出50美分。无论如何，有一件事是确定无疑的，那就是这1美元必须省出来，而且一般来说，钱就是这样存下来的。而百货商店由于前文中我所描述的那些复杂性，通常情况下发展到一定规模的百货商店已经不可能把自己放在类似于每周仅仅收入15美元的人那样的位置上，也无法在每周六的晚上知道这一周是超支还是结余，以及具体金额是多少。（要实现名副其实的利润控制，星期六晚上就对这些数据一目了然对于百货公司而言不太可行。然而在星期二下午做到这些不仅是可行的，也是非常必要的。）

然而对于百货商店来说这样的信息可能没有什么价值，除非这个商店与每周仅仅收入15美元的人还有另外的相似点：在周支出中有足够大的一部分金额是可控的，这样就可以知道如果这周支出超出了具体多少美元，下周就应该采取一些实际手段进行弥补。很显然，这两个因素对利润控制的执行都是不可或缺的。你必须每周都知道是超支了还是有结余，以及具体数额是多少。你必须能够对此有所作为。我知道一些百货商店每年经营着价值数百万美元的生意却对这些事情不以为然。因此从严格的意义上来讲，它们的年度业绩绝不是预先测算过的，它们的经营方法最多只能以最接近的方式来进行，它们的损益不是预先计划好的结果，而是一些不受控制的可变因素所产生的结果。

你可能很难相信，像百货公司那样每分钟都在盈利的企业，会像我之前说的那样，将经营成果寄托于机遇。我可以向你保证，事实的确如此。我还可以向你保证，这在很大程度上是由于没有将逻辑思维应用到具体问题中去。

需要注意的是，为了完成对利润控制表下半部分的描述，这个表格必须显示每周净利润和目标利润之间的差额。这种利润差额应该归因于三个因素：销售额、毛利润和支出。假设一个企业在新年度前4周的利润就低于目标利润1000美元，如果这样的问题出在毛利率上，那就没必要去纠正支出。

那个表格上半部分和下半部分所填的信息在性质上是完全一样的，只是上半部分通常展示的是之前52周截止到上周六晚上的数据。这也就是统计学家所说的移动平均值。它的作用是通过对某些数值进行去季节性影响和适当加权的过程，来告诉你目前你的企业在以什么样的年增长率运行。现在回到我们最初那个计划一年完成100万美元销售额的商人的例子，他非常感兴趣的事情应该是想要知道自己是否达到了每年100万美元年销售额度的增长。最后他应该还想知道，自己是否达到了每年3万美元净利润的周利润额。如果没有达到，那么他就面临一个选择。他可能会因为这样或那样的原因而修改他的最低限度，并且接受更低的数据，比如考虑获得每年2万美元的利润，或者他可能会坚持原来的最低限度，然后采取必要的措施来弥补损失，以确保3万美元的年利润。

不管怎样，通过表格上半部分显示的估值，我们假设的这个商人可以证明他已经了解了动态或不断变化的统计数据函数，并及时掌握了人为选定的某个点的状况的静态函数。

整个技术机制所包含的最重要的一点是，永远不要在无知的情况下做出决定，凭借知识最可能做出明智的决定。只有那些掌握了利润控制理论的商人才能凭借知识明智地做出决定。

我记得很清楚，几年前一个叫作“商品控制”的统计工具被引入零售业。它是一组简单的数据，可以告诉采购员每周每种商品分别卖出了多少，销售额达到了多少，手上还有价值多少的存货等等。当时美国几乎90%经验丰富的采购员都反对它，说这只是一种新奇的概念，毫无实际意义。他们的论点是任何一个称职的采购员对这些事情都一清二楚，无须等待统计学家来提交周报。他们说：“如果连这些都不知道，那么他就根本不是采购员。”事实证明依照这个定义，他们没有一个人是采购员，因为当这些记录呈现在他们眼前时，他们痛苦而震惊地发现自己竟然对发誓了然于心的那些事情一无所知。这种情况和利润控制理论或者其他新出现的工具遭遇的情况简直如出一辙。即使是——我几乎要用“尤其是”这个词——新出现的工具构成了思考艺术上的进步，许多人还是会说“这不是什么新花样”，“这没什么好的”。至于这种态度是不是可以使一个人紧跟进步的步伐前进的最好态度，那就留给你去判断吧。

在结束统计数据这个话题之前，我想再举一个例子，这是一个在零售领域把思考应用到数据上的例子。商店里的硬件设备的淘汰是非常快的。如果一个商店想要在公众面前呈现出最新式的现代面貌，就需要经常花费很多钱购买新设备和新型照明灯具，重新安排布局和陈设，以及更新各种必需的现代化设备。在典型的百货商店的账目中，这些开支会以下面两种名义来体现，一种是当前营业费用，会在当前营业期内全部支付；另一种是资产成本分摊，在购置的物理设备可能的使用寿命期限内进行分摊。

你可能会认为，鉴于任何适当的利润控制理论，百货商店都会调整当前营业费用和资产成本分摊，以便同时完成必要的现代化提升和最低年度利润指标。要做到这一点，需要进行大量的数据计算。对于我们这个100万美元年销售额的商人来说，就是这样一个过程。他知道自己一年有32万美元的费用支出空间，他也清楚其中有2万美元必须用来支付从过去一直持续到明年的资产成本分摊，然后他必须清楚自己能承担多少额外的支出负担。他或许认为还可以再支出3万美元。经过仔细核算，他发现其中的2.5万美元可能要作为当前营业费用的项目支出。这就意味着，在未来的一年，他只能承担5000美元的资产成本分摊。在这个基础上，他可能决定在商店里增加一套空调系统，并计算出这套空调系统在未来20年内需耗费10万美元，换句话说，在接下来的每一年必须投入5000美元（这正是他可以负担得起的）。有一点是不言自明的，那就是上面的计算步骤没有捷径可走。你必须经历这个过程，否则你就不能说自己可以控制和收益有关或者和企业的支付能力有关的设备购置支出。

关于商店购置设备支出的问题，至少还有一点分析中是非常值得注意的。一般来说，设备支出有三种类型，应该对此加以分类并作为作出判断的依据。第一种是维持经营所必需的设备支出。举个例子，如果你需要一台新的锅炉给商店供暖，那么只能去购买锅炉，或者只能歇业。因为顾客们不太可能戴着耳罩走进商店。另外，在这种维持经营所必需的设备支出中，我认为还包括那些并不像照明和温度调节这么重要但仍然是所谓“最起码的体面”的支出，例如，一个商店的店主不能对破破烂烂的地毯或者残破的柜台视而不见。

第二种设备支出和那些几乎可以肯定地预测到能够在较短的固定时间内带来的额外利润有关。如果一个商人知道把1万美元花在时尚女装部，可以在12个月之内收回这1万美元的成本并且额外获得1万美元的利润，那么他一定会立刻投入这笔资金。财务状况良好的公司应该持有这样的态度，即用于前两类设备更新的资金是无限制的。

第三种设备支出通常是有限的，而且应该受到严格的控制，这类支出可以被描述为“商店美化”。例如，有一天商店的店主会说："咱们重新布置一下三楼吧，"也可能会说，"咱们调整一下商店的照明吧，"甚至会说，"咱们从头到尾全面更新一下布景色彩设计吧。"这些都是值得经常去做的事情，但是明智的商人会问自己："我是宁愿今年去做这些商店美化工作呢？还是赚一笔可观的利润从而使自己成为名副其实的商人呢？"

我想在本章的结尾向你们解释一下，我自己为什么认为真正的商人会完全把利润看作商业目的和成功的衡量标准。许多人可能认为这根本没有解释的必要。商人想捂紧自己和股东的钱包，这是天经地义的事。但我认为这种分析肤浅而且并不正确，真正的原因如下：

不盈利的企业在各方面都是社会的负担。没有获得令人满意的利润的企业不太可能在有希望扩大其社会价值的新事业上做出尝试，因为这些尝试可能会给亏损中的企业带来无法承担的风险。不盈利的企业在应该向公众提供的服务上总是会压缩开支，踟蹰不前。不盈利的企业在绝大多数情况下都会提供较低的工资，然而由于它们的雇员也是社会成员，较低的工资就会使努力工作的人更加不满，他们会认为自己的努力付出并没有得到相应的回报，同时他们也无法增加消费支出来促进社会繁荣。一句话，不盈利的企业的表现是非常糟糕的。我们肯定都喜欢良好的表现，而不是糟糕的表现，并且合理的利润是良好的商业表现中不可分割的一部分。因此要完成这一良性循环，正确地使用统计数据对于获得持续而合理的利润是非常必要的，对于逻辑的正确理解是有效使用统计数据的必要条件，你看，我们兜兜转转又回到了我们最初的问题——如何思考。

第十一章　思考在管理中的应用

管理控制着日常运营——管理部门发挥职能的两个阶段：运营和人事——对于销售部门和非销售部门的误解——有害的命名法——调解部的问题——一些关于赊购账户顾客的事情——那位伟大的董事会主席关于运营的5条准则

管理，在百货商店领域指的是控制日常运营的职能。在商品采购回来之后，管理部门就要负责包括将商品送到顾客手中等大部分后续工作。管理部门要负责接收商品、做标记、入库、销售、包装、送货、提供售后服务，并调解顾客因收到商品后或未收到商品而产生的任何后续投诉。因此管理部门发挥职能有两个阶段，一切与完成工作有关的事务，也就是运营，以及一切与完成工作的人员有关的事务，也就是人事。

运营阶段的常规部分仅仅只是完成工作，而它的创意部分在于让工作做得更好、更富有想象力，并能给消费者和经销商都带来更大的好处。由于零售业的高级管理层总是习惯性地认为，管理部门在零售分销的整个过程中是一种服务性的附属部门，或者说由于无法避免的弊端，因此在运用创造性的想象力方面，管理部门往往落后于其他的业务部门。这并不是因为该部门没有大胆的新想法诞生，而是因为在期望少的地方自然收获也少。在我看来，美国的商店管理部门至少为“惯性无法克服”这一定理提供了一个显而易见的证明。

但是在商店的管理部门中还有一个有趣的例子可以说明语义学的力量，也就是语言对行动的控制能力。在百货商店领域，管理部门分为销售部门和非销售部门。在非销售部门中，你会发现诸如电话订货部、调解部和通信部。我几乎想不出百货商店还有哪些雇员，包括售货员在内比这三个所谓的非销售部门有更多的机会来销售商品和提升顾客的好感度。然而语言的力量是如此强大，因为这些部门一直被叫作“非销售部门”，所以它们就一直扮演着名副其实的“非销售角色”。

调解部的职责是在事情因为这样或者那样的原因出差错之后，首先查明顾客想要的到底是什么，然后为顾客提供服务——也就是说，把顾客真正想要的东西卖给他们。人们不会去商店买了东西，然后抱怨说当时只是出于一时的高兴。人们去商店买东西是因为他们确实想要买东西。如果他们有所抱怨，那是因为在某种程度上他们买的东西并不是他们真正想要的。然而出于一些奇怪的逻辑，美国各地的调解部员工投入全部时间和精力去办的事情结果却是这样的——无论顾客想要的是什么，或者没有被满足的需求是什么，顾客都会继续失望。他们的口号似乎是："顾客的这些要求不应该被满足。"

一位顾客也许会对一位调解员说："我在你们店里买的鞋不合适，"或者会说，"窗帘褪色了，"又或者会说，"烤面包机这么快就坏了。"然后认真的调解员就会竭尽全力去证明鞋子实际上很合适，再稍微适应一段时间鞋子就会变得很舒服了，或者他会找售货员来作证说，顾客买了鞋之后就故意说患上了甲沟炎，所以商店对这种不正常的行为不承担任何责任，而且退一步说就算鞋子真的不合适，顾客也应该在穿之前投诉，因为现在鞋子被穿过已经无法再次出售了。

我曾经花了五年的时间运营一个大型百货商店的管理部门，其中也包括售后投诉部。在此期间我花了相当一部分时间去培训调解员，让他们相信自己的职能是销售而不是非销售，并要求他们按这一理念去做事情。所以当最初的销售出了问题，需要进行调解时，他们在销售技巧上不仅要达到比较高的水平，甚至要成为销售大师，这样才能不愧为一位调解员，才能圆满地履行自己的职责。我想至少在某种程度上来说我获得了成功。我认为当时和我一起共事的人的确相信我的理念，也的确将此付诸行动。我知道在这一过程中他们每个人都受益匪浅。我跟他们说，我们的调解理论和“顾客永远是对的”那句老生常谈的口号毫无关系。我告诉他们有一半的情况下顾客是对的。我还告诉他们，客户是不是对的这一点基本上无关紧要。真正的问题是，不论顾客对还是错，作为调解员该怎么去做。

实际上并不需要进行深入地理性分析就可以认识到我所描述的这三个部门属于销售部门，而不是非销售部门。这种认识并不是我的原创，多年来已经有许多人认识到了这一点。然而还有一点也很重要，尽管知识是人人都可以掌握的，但基于知识去采取行动却并非如此。我认为其中一个可能的原因是基于这样的事实，必须进行相当细致的分析，才能制定出切实可行的行动准则，从而使这些群体能够有效地履行其真正的销售职能。

我们再以电话订单的处理为例。在大型百货商店中，电话订单通常是在电话总机中心处理的，那里有一批训练有素的话务员，他们掌握着所有必要的信息，接听和处理顾客的所有电话通讯。如果计算得当，维持这种集中式服务的成本可能低于分散式服务。但是由于集中式的性质，这会作为大笔的单项费用出现，通常会持续受到来自管理部门要求降低费用的压力。在今天，销售肯定是要投入成本的。在不承担任何销售工作的情况下，集中式的电话订单处理服务一年需要投入10万美元，如果承担适当的销售工作，可能需要投入12万美元或者13万美元。事实上，这种适当的销售工作可能不仅会让百货商店收回2万或者3万美元的投入，除此之外可能还会带来2万或者3万美元的净利润。任何一个问题优先级排序能力非常低的管理部门，都可能会对这个问题反应十分冷淡，因为他们始终认为自己在商业中的唯一职能就是降低成本，而不会去考虑在客户服务、销售额或者利润这些方面发挥作用。

事实上，这种错误非常普遍。有一个类似的例子我记得特别清楚，发生在一个还未建立合适的问题优先级排序的百货商店管理部门。那是美国中西部的一个销售额相当可观的百货商店，生意很好。这个百货商店55%的业务都是由赊购账户顾客完成的，商店在过去的几年里时不时地开展一些活动让人们了解这个百货商店赊购账户的便利，并不断地开立新的赊购账户。当我提到的这件事情发生时，他们已经形成了一种共识，认为这个百货商店的赊购账户顾客在其所处的商业区已经达到了饱和点。他们的判断基于两个理由：第一，他们无法承担4美元以上的成本来开发一个新的赊购账户顾客，而且发现获得一个新的赊购账户顾客需要花费6至7美元；第二，他们认为不管怎样已经获得了所有值得拥有的赊购账户顾客。我问他们平均每个赊购账户顾客在这个百货商店每年会消费多少钱，他们说是125美元。我又问他们一个赊购账户在这个百货商店的平均使用年限有多长，他们回答说是10年。然后我问这个百货商店的宣传成本是多少，占销售额的百分比是多少，他们说是5%。然后我又问他们如果愿意每产生100美元的销售额在广告上投入5%来做宣传，那么鉴于同样的原因他们为什么不肯投入5%用于开发新的赊购账户顾客，也就是说投入6.25美元来开发一个新的赊购账户顾客呢？他们一致认为我的想法确实有些见地，花6至7美元而不是4美元来获得一个新的赊购账户顾客并不过分，因为6.25美元本身并没有超过他们的平均宣传成本。最后我问他们是否愿意收回第二个理由，也就是已经获得了所有值得拥有的赊购账户顾客，因为他们自己也承认每支出6至7美元就有可能获得一个新的理想的赊购账户顾客。他们回答说愿意。

我让他们以接触并成功开发一个新的赊购账户顾客需要支出7美元的标准，来计算一下获得所有潜在客户需要的总成本。他们得出的数字是5万美元。我问他们从过去的经验来看，这5万美元是否可以确定为他们带来7000个活跃的新赊购账户顾客。他们说可以确定。然后我问他们下一步打算要做什么。信不信由你，他们回答说会在未来的5年内花掉这5万美元，以免在任何一个年度出现过多的风险或者支出。我又问他们现在银行里是否有5万美元，他们说有。然后我又问最快多长时间能用完这笔钱，他们说要用8个月的时间才能把相关工作安排好。于是我告诉他们说，在我看来他们唯一的问题就是最快多长时间能用完这笔钱，而不是最慢多长时间。后来他们在一年内成功地用完了这笔钱，其结果充分证明了这次投资的合理性。

已故的詹姆斯·麦肯锡先生，在去世前不久还担任着芝加哥马歇尔·菲尔德百货商店董事会主席的职位，他有一套奉行了很多年的准则，这套准则几乎适用于他所面对的任何商业问题。我曾经听他提到这套准则，现在我加以引述，我相信我的引述基本上是准确的。詹姆斯·麦肯锡先生说他在商业上最常见的经历，就是有人来向他询问某项业务是应该这样做还是应该那样做。换句话说，他们担忧的始终是方法问题。而詹姆斯·麦肯锡先生一贯的做法是在得到5个问题的满意答案之前从不考虑方法问题。他的第一个问题始终是："你的目标是什么，也就是说，你想要完成的工作是什么？"他的第二个问题是："有哪些人可以完成这项工作，也就是说你的人事状况如何？"他的第三个问题是："这些人如何融入整体运营以及他们的职责是什么？也就是说，你的组织架构是怎样的？"他的第四个问题是要求描述运营所涉及的硬件设备设施。第五个问题是关于可用的财政资源。詹姆斯·麦肯锡先生说，只有根据这些信息才能明智地确定问题优先级排序，从而进行具体操作。这是将良好的思维运用到管理问题中的一个典范案例，事实上它适用于任何问题。我听说詹姆斯·麦肯锡先生早年在一个耶稣会大学接受过教育。你要知道逻辑学可是这类学校的标准课程。这也许有助于解释詹姆斯·麦肯锡先生精确而有序的思维习惯，而上述准则只是其中一个例子而已。

到目前为止，我们所展开的关于管理的所有讨论都涉及方法的问题——事情应该如何去做。在我看来，关于在管理中如何运用思考，没有比詹姆斯·麦肯锡先生的这一套准则总结得更到位的了。

我们注意到运营的问题或者说如何去做一件事情只是管理问题的一部分，或者说只是管理问题中的一小部分。余下的问题都和做事情的人有关——“人事”这个词所包含的所有问题，这些问题毫无疑问都是商业中最微妙也是最困难的问题，比其他问题更耗费脑力。通常情况下，即使在做出了正确的决定之后，在这一领域采取有效的行动仍然需要杰出的人才。然而我应该这么说，在这个领域，良好的执行能力是最常见的技能，而善于思考的能力则是非常罕见的。正如我曾指出的那样，相较于商业领域中任何一种别的思维方式所能实现的效益，对这些问题进行真正良好地思考所产生的效益往往会更大而且更持久。

在第八章中我已经给你举出了关于在人事问题上运用良好地思考的例子，在此就不再赘述。倘若没有对实际情况做出详细描述，就直接阐述解决方案，这样做是毫无意义的。

参照我对商业领域中其他问题的处理和在本章中对管理问题的处理，你无疑会得出这样的结论：管理中的重要问题是隐藏在表面下的问题，不太容易得出有用的总结。这一领域中的问题不容易归纳的一个主要原因是，在这些问题中人的因素居于主导地位，而且这个因素存在太多变数。有数不清的关于管理的著作都致力于创造有用的原则。显而易见的原则已经被很好地编纂成文，在任何一本关于这一主题的优秀著作中都可以找到。据我所知，人们还没有掌握那些更重要但并不是很明显的原则，我也不确定人们以后是否能够掌握。但是它们的确和关于正确的欲望、正确的思考以及正确的行为的普遍原则密不可分。能够充分描述这些原则的都是伟大的著作，但不是在商业管理方面而是在哲学方面。

第十二章　思考在销售中的应用

奥斯瓦尔德·克瑙特先生的格言：“所谓销售规划就是卖什么商品”——采购什么商品——市场调研——回答人们为什么要买东西以及他们的行为动机这两个问题——在购买行为中起作用的基本动机——专业采购的完善及其与提高生活水平之间的关系

几年前，我为奥斯瓦尔德·克瑙特先生工作时，我时常听到他这么说：“所谓销售规划就是卖什么商品。”奥斯瓦尔德·克瑙特先生现在是联合纺织品有限公司的总裁，他是最伟大的商人之一。我这么说并不是因为他显赫的职务，尽管这一职务对他而言实至名归，而是因为至少在我看来，他是一个知道如何去思考和行动的人，不过我人微言轻。他对销售规划的定义就是一个很好的证明，而且这一定义虽然乍看之下略显通俗，实际上所表达的意义十分深奥。在粗心的从业者的概念中，销售规划包含着很多策略、原理、原则以及技巧，然而这些实际上只是最终目标的假象而已。许多从事销售规划的人都确信衡量一个优秀商人的标准在于他是否有能力实现多标高价、少标低价、高库存周转率、有效的品类控制或者关于销售规划的任何其他流于表面的陈词滥调。然而奥斯瓦尔德·克瑙特先生透过现象直接看到了销售规划的本质，并且将其简单地归纳为："所谓销售规划就是卖什么商品。"

对于商人来说，最纯粹的检验标准就是他是否能采购人们真正想要的东西。统计人员才是应该掌握公开市场和各批次货物的低价并负责商品管理和库存周转细节的人。当然这些都是必要的细节。哪怕是世界上最精明的商品买手，只要他顽固地一直采购远远超过需求的商品，或者经常在销售规划中犯一些类似这样的错误，那他一定会破产。不过相对于能熟练地处理选择商品的关键问题，避免错误进行销售规划实在只是小儿科的事情。

我们先不从正面入手，而是迂回地接近这个问题。我在关于宣传的那一章中说过，宣传的三个关键问题是"对谁宣传""宣传什么"以及"如何宣传"。我也说过这其中的第二个问题代表了宣传和销售职能之间的重叠区域或者共同领域。现在让我来告诉你这是怎么回事。

某个商店在报纸上全年刊登广告，每次一整版，每周四天。这里就涉及这个商店在报纸上宣传什么这一问题。应对这一问题明确的方法是把一年的广告当作写一本两百页的书。书写好之后，商店可以在年底的时候把那两百页装订好，然后真诚地说："这是我们商店的故事，里面对我们做了最全面生动的记录。它讲述了我们的商品、我们的服务以及我们的个性。"但是大多数商店都没有这样做。如果他们做了，零售业广告可能不会这样枯燥无味。然而，即使有一个商店打算这样做，在开始执行之前，它还会遇到几个大问题。其中一个大问题就是我所关注的广告对象这一首要问题，也就是"宣传什么"。

广告对象这一问题是宣传和销售规划这两种职能的契合点。负责宣传和销售规划的高管们应该共同回答这一问题。然而实际上只有负责销售规划的高管们才能够决定出现在货架上的是什么商品，而负责宣传的高管们只能从货架上的商品中选择宣传对象。因此在做广告之前，我们必须把分析倒退到最初的商品采购上去。

至少通过推理我们已经知道了商品本身在整个商店问题优先级排序中的位置。我们也已经陈述了问题——采购什么商品？现在需要进行仔细分析。这时我们应该问的是：在我们开始第二步——将资料整理成模式之前，作为解决方案的第一步我们应该搜集哪些信息？

"采购什么商品"这一问题无疑会引出"为谁采购"这个问题。因此我们首先要获得的信息是关于潜在购买者的。他们是谁？他们住在哪里？他们如何生活？他们有多少钱？他们购买不同商品各花了多少钱？他们的习惯是什么？他们的家庭规模多大？他们家庭成员的年龄如何分布？他们会选择什么样方式度过假期，假期中他们会买什么东西？这类问题的清单要足够长、足够充分，这些问题至少要得到大致的回答，这样才能更细致地完成顾客画像，而我们所画出的只是潜在顾客模板的轮廓。

你会说："但是这涉及费用昂贵的市场调查。"如果一个位于市中心的商店去做市场调查，那么费用昂贵是毋庸置疑的。但是你认为在一个只有两百人的村庄里经营的一个普通店主在采购商品时，对他这两百个潜在客户有关上面提到的这些信息难道没有清楚的认识吗？他显然不是不了解这些信息，甚至了解得更多。除了在规模上之外，你认为这种情况和大百货商店在性质上有真正的区别吗？显然没有。许多企业高管对市场调查持怀疑态度，我想这是因为市场调查的成本总是很高，而且结果经常是无效的，或会使人产生误解。然而这是调查者自己的错误，不等于是市场调查理论的错误。

我们一致认为"市场调查"这个词对于精通实践的人而言只是一个华而不实的标签，因为这只是村子里的小店主的日常生计来源。良好的市场调查应该得到可靠而且令人满意的结论，只要执行正确，市场调查对于任何业务都是有利的。进行市场调查前，必须首先确定一些简单的事情，比如想要了解哪些人群、想要了解哪些事实。一旦预先确定了想要的信息，专家们就可以指导你通过可靠的询问技巧来获得这些信息。最后，为了完成市场调查，想象力和较强的理解能力也是不可或缺的。对于类似过程，我们需要的是技巧，而不是什么神机妙算或者神秘的力量。

假设你成功地完成了一项市场调查，那么你现在是否已经掌握了足够的信息去回答“采购什么商品”这一问题了呢？答案是还没有。你仍然缺少最重要的信息。你还必须知道人们为什么要买东西，为什么要买各种各样的东西。事出有因，有的原因可能很简单，有的可能像我们现在讨论的这个问题一样，原因是多重的。如果你对事情的原因不够了解，就不要指望能够巧妙地应对它。因此问题的重点是，人们为什么要买东西？我将试着去引导你思考这个问题，而不是描述这一问题的答案。

心理学家对人的主要行为动机或者基本行为动机的看法并不完全一致。然而在这个问题上，即使是专家之间存在分歧对我们而言也可以作为有用的信息。一些心理学家认为，人类的所有行为动机实际上最终都可以追溯到某种形式的性冲动。而另一些心理学家认为人类对安全的需求同样也是基本的和本能的。还有一些观点则总结了人类对于身体健康、舒适和快乐的渴望。很多心理学家对人类渴望得到认可、赞扬、友谊或妒忌艳羡的心理进行了大量研究。不过，大家可能对搞清楚这些有关心理学的问题并不感兴趣，所以我们还是把时间留给其他问题吧。因此关于所有这些观点，我们最好不去考虑每个自相矛盾的主张的真正价值，而是把这些观点至少作为人类基本行为动机索引表的开头。

倘若我们可以在这个索引表上再完善几项近似于人类的基本行为动机，然后仔细地定义我们在描述这些动机时所使用的词语的确切含义，那就可以准备进入下一步了。这意味着将每个动机细分为不同社会行为的动机，例如，渴望得到他人的赞扬。这种心理冲动的表现之一就是我们通常所说的“势利”。例如某些商品内在的市场价值其实很低，但如果包含“对势利的顾客的吸引力”这种外在因素，那么它们就会具备相当高的市场价值。不管它们的内在价值到底是什么，可以肯定的是，劳斯莱斯汽车能够以每辆1.5万美元的价格持续销售的很大一部分原因就是“对势利的顾客的吸引力”。拥有劳斯莱斯汽车确实是一种身份的象征。这标志着你是一个富有的、有社会地位的人，或者在以前更保守的时代它就代表着财富和地位。

关于这方面，我想推荐一本具有启发意义的书。这本书是索尔斯坦·凡勃伦所著的《有闲阶级论》。他在书中创造了“炫耀性浪费”一词，并研究了这个概念的心理根源和社会影响。购买一辆劳斯莱斯汽车，用索尔斯坦·凡勃伦的话来说，就是一种“炫耀性浪费”行为。

许多社会名流所推荐的广告都是以不同的方式引发“势利的顾客的本能”和“炫耀性浪费”的欲望。生活和商业都会受到直觉的影响，由于一个特定的目的或某些人类基本的行为动机而产生某种行为。

在这里我极力想要强调的一个事实是显性知识比隐性知识更有价值。如果你能把对人类行为动机的直觉的理解提高到文字层面和显性层面，那么你将有更好的机会来巧妙地调整你的行为以适应这些动机推动你的方向和强度。

现在让我们着手来回答“采购什么商品”这个问题。如果你已经充分而理性地明确了市场调查中所包含的信息，以及我们解释人类基本行为动机时所罗列的那些信息，那么你现在就可以很好地回答这个问题了。

你可以通过调查现在所生产的产品来开始构思问题的答案。现在让我们举一个简单的例子：羊毛毯子。在美国国内只有三四十家生产羊毛毯子的厂家，因此对于羊毛毯子的买家而言，熟悉这些厂商并不难，同样，对这些毛毯进行比较也并非难事。现在让我们来看看这个过程。

毛毯有其固有的价值，比如保暖性、抗拉强度、耐洗性、耐磨性以及抗褪色程度。毯子的尺子大小不一，毯子的镶边也各有不同。在视觉效果上，它们有不同的图案和颜色。因为纤维含量以及纺织或编织的方式不同，它们给人的触觉体验也大相径庭。此外，它们的包装、名称等其他方面也各有差异。

如果一个毛毯采购商想更专业地采购毛毯，并发挥其作为公众采购代理者的真正职能，那他就会对这些毛毯的品质进行对比，然后再多做两件事情。他会确定目前正在生产的任何一种毛毯是否是最适合未来客户需求的产品。除非这个毯子能够激发购买者的购买动机或满足其潜在需求，否则它就不是理想的商品。它必须不仅能激发购买者所有可能的购买动机，还必须有良好的吸引力。因为可以预料到大多数毯子都达不到这一点，因此采购商会做第二件事，即根据他对客户需求的了解，利用他关于制作和设计毛毯的专业技术知识，来建议厂商生产某一种毛毯，而这种毛毯将会是最合适的。

这就是我所谓的专业采购工作。每一个好的采购商都会凭直觉来做这件事情。然而几乎没有哪个采购商会明确地按照我所描述的步骤来做。在我看来，显性方法将会带来很大的改进效果。

我刚刚读了一遍我上文所写的关于专业采购的文字。我突然想到大众读者一定被我这种坚持用非常复杂的推理作为良好零售基础的方式给弄糊涂了。毕竟商店似乎采购了消费者所需要的东西，并且一直做得很好。为什么我要这么吹毛求疵呢？为什么要在这样一个简单的问题上引入如此复杂微妙的东西呢？对这个问题，我可以给出两个答案。首先，你随便逛一逛任何一个商店，用批判的眼光去看它的商品，然后用你的标准（毕竟你也是消费者）问问自己，如果这些商品在采购时被给予我所描述过的那些专业性关注，那么有多少商品有待改进，可以改进多少？其次，如果你相信我的话，对于提高生活水平而言，再没有什么比忠实而熟练地执行这种专业采购过程更有帮助了。

我还没谈到价格问题。如果你想告诉一个人如何写出一篇好的论文，毫无疑问，你关注的是文体和内容的问题。至于是用白纸还是方格纸，用钢笔还是用铅笔，则是作者的问题。我将价格问题归为这一范畴。一个好的采购代理商会尽力以最低的价格让客户获得最好的产品。我认为和低价格有关的是次要的艺术，就像擦鞋一样，它并不复杂。这本书旨在探索良好地思考的应用而不是教大家成为好的百货商店采购商，所以关于压低价格的技巧在此就没必要赘述了。

由于销售规划是一个过程，和管理相比，可以高度概括，我也许可以继续提供一些例子告诉大家如何在这一领域有效地利用良好地思考。但是我宁愿只为你举出上面那个重要的例子。继续举例只是增加案例数量，而且不见得效果和上面那个例子一样好。

第十三章　思考的目标

“思考是为了生活，而不仅仅是为了像商业这种生活中的次要部分”——思考与幸福——思考与宗教——思考与生活

我在这本书的前言中提过，我写这本书是有目的的。如果可以的话，我想传播一种理念：人类——所有人类——都能够学会更好地思考，并因此变得更优秀。学习的过程是相通的。既然一般人都有学习的能力，那么只需要把要学的信息摆在人们面前，然后在需要学习的课程和学生之间有人扮演老师或者能够共情的传播者，那么学生就会有真诚的学习欲望。这就是我为什么会确信每个人都可以学会更好地思考。有一点不言而喻，那就是如果人们这样做了，他们就会因此变得更加优秀。这也是一种经得起合理论证的主张，不过我希望至少可以暂时停止这种论证。

如果你想学点东西，首先你需要确定的是你学习的对象，所以让我们暂时讨论一下思考过程的本质。我们已经考虑了各种呈现在意识和潜意识层面的模式和模式组合。有了这种对思考的理解，我们似乎有必要探究一下它的过去了。现在让我们来追溯思考历史上的重要人物，从苏格拉底、柏拉图、亚里士多德到阿奎纳，直到现代思考领域的专家。我们会注意到两千年前的人们其实所知甚多，而从那时起到现在却所知甚少，我们会发现自己非常不明智，我们试图去创造准则，然而这些准则早已为古人所知并记载了下来。

考虑到你的思考方式受到思考内容的严格限制，我们又探讨了这个问题并确定了其局限性。大脑无法思考它从未经历过的事情，它可以将已知的经验素材整理成新的、未知的模式，但是对于它没有经历过的经验却无法整理。这充分说明了最大限度获得经验的重要性。要尽力获取经验，不仅要让自己和社会接触的范围尽可能的广泛和多样化，而且对于新体验的接收必须是敏感和聪慧的。我们说过，获得全面经验的方式有很多种。行动，或者说充实的生活是其中一种不可或缺的方式。除此之外，另外两种最好的方式是阅读和交谈。通过观察，我们完成了对思考行为的研究。

然后我指出，思考始终是一种行为，但并不一定是一门艺术。要真正地学习一门艺术，你必须分别学习和实践它的主要部分，并希望掌握这些内容之后，能够将它们组合成流畅优美的节奏，这就是整个艺术。我们列举了六种思考工具，六条基本规则以及进一步使用那些思考工具的特殊规则。然后通过学习和实践将这些部分组合到整个思考艺术中去。

至此，我们已经把与思考的行为和艺术有关的客观原则摆在了面前。我们希望把这些原则带入生活之中，并展示它们如何应用于生活。我们选择将它们应用到现代商业领域实践的各个方面以及其中所涉及的关键问题来达成我们的目的。我们对其中的一个商业领域——宣传，进行了深入分析。而对商业的其他四个阶段只是简略地一笔带过，因为我们并没有打算写一本关于商业的教科书，而只是把商业作为一种方便的素材来阐述更好地思考的准则。我们解决了其中的一些业务问题，对另一些只是做了陈述，这样做是为了提供一幅生动真实的画卷，描绘那些处于解决阶段和待解决阶段的各种问题，而不是假装只要你认真思考就可以清晰坚定地解决所有错综复杂的问题。做过这些说明后，我们的讨论已近尾声。还有什么要做的呢？

思考是为了生活，而不仅仅是为了像商业这种生活中的次要部分。至少我要在生活的其他方面勇敢地进行思考，这样我才能结束对思考的目标的讨论。我发现自己在思考古希腊人曾提出的一个观点：每个人最渴望的是幸福。然而果真如此，为什么古希腊人会把智慧看作是人类的至善呢？然后我很愉快地回想起他们是如何详尽阐述他们的观念的。他们很清楚，一个愚蠢的人有时是幸福的，而一个人要是既愚蠢又幸运，那么他甚至可能会幸福一辈子。但在古希腊人看来，这似乎是一种毫无远见的生活规划方式。他们说，接受别人给的幸福是一种愚蠢的表现，而靠双手去创造幸福并且使自己得到这样的幸福则是一种智慧。他们认为，世界上所谓的“大不幸”，对于那些其自信满满地认为幸福来自于内心的聪明人来说，并没有什么重大意义。

当苏格拉底被认为要对腐蚀雅典青年的行为负责时，审判他的法官们其实很不情愿将他判处极刑，他只要缴纳一笔象征性的罚款，就可以免除进一步的惩罚，而要求他必须做的事情也只是象征性地保证不会再继续他的教导。直到最后，只要缴纳那笔小小的罚款，苏格拉底就可以保住他的性命。他的朋友们恳求他接受这个提议，并主动要求立即帮他筹来所需的这笔钱。然而苏格拉底非常和蔼地拒绝这样做，因此他被判处死刑而饮下了毒酒。

我想，所有文学作品中最动人也是最著名的段落之一，就是柏拉图关于苏格拉底饮下毒酒的记载——苏格拉底，这位睿智的哲人在与他哭泣的朋友们进行最后的高尚对话时，轻描淡写地将手中的那杯毒酒一饮而尽。苏格拉底认为他的死并不重要，甚至对他本人也是如此。相反，这使他感到莫大的幸福，因为他知道，在一生中，他一直忠于自己的原则，临死的时候，并没有抛弃这些原则而是求仁得仁。可以肯定的是，他是最具智慧的人之一，同样我们也无法怀疑，当他活着的时候，他是世界上最幸福的人之一。他的幸福是他自己创造的，不会被外界的不幸所打扰。如果我们以与他同时代的人的观点来判断的话，他的幸福并不仅仅是坚不可摧和不受外界侵扰的幸福，而且是一种静水流深的幸福。

你可以把充满智慧的苏格拉底式的幸福比作一条大河，它奔流不息，直到汇入大海。你也可以把愚蠢之人的幸福比作一条浅浅的小溪，它湍急地流了一段时间，然后到达一个无法前进的地点，最后在一潭死水或者一片泥泞的泥沼中画上了句号。这样的比喻可以让你了解苏格拉底的信念，而智者的幸福与愚者的幸福相比，不仅更深刻，而且更持久。

写这些语句的时候，我很难不带有一种严肃的口吻，而我的本意绝非布道似的说教。我知道如果我满足于对你这么说，“苏格拉底是一个聪明人，因此他是一个快乐的人，他的快乐比愚蠢的人更持久，而且更深刻。”那么我将无法向你们传达苏格拉底穿越两千多年向我和其他许多人传达的那种感觉。我的角色是传递者，如果我刚才告诉你的那些关于苏格拉底的事情，可以让你理解他的思想，那么我的目的也就达到了。

有些人在宗教中寻求并得到了苏格拉底在哲学中所寻求的这些安慰。苏格拉底自己也是一个虔诚的人。我们要牢记，有宗教信仰的人希望有智慧，而智慧的人则是虔诚的，这两者之间不可能存在对立。

如果人们可以更好地思考，那么他们就会因此变得更优秀，苏格拉底就是明证。所以进一步地证明仅仅是重复而已。

更好地思考的目标是更好地生活。在商业领域的微观世界中进行更好地思考，正如我们在这本书中所做的那样，充其量不过是在这个宏观世界中更好地生活的一次彩排。这本书诞生在这个动荡的世界。但是，如果没有正确地思考和人们恰当的欲望，就没有治愈这个动荡时代的良药。

我感谢一直陪伴我寻找这种正确地思考的读者。最后我要为这本书的不足之处道歉。在我看来，我自己在这本书中出现得过于频繁，我也要为这样的干涉表示道歉——但是我认为自己不应该置身事外，我只是保持以求索的态度而不是高傲自大的态度

（请相信我）再次走进本书中探讨这些问题。

我仍然希望有一天在一位更加卓越的思想家笔下会诞生一本著作，一本能更好地阐释“更好地思考”这一主题的著作。